ALÉM DOS
NÚMEROS

Copyright © 2025
por Leandro Piano

Todos os direitos desta publicação reservados à Maquinaria Sankto Editora e Distribuidora LTDA. Este livro segue o Novo Acordo Ortográfico de 1990.

É vedada a reprodução total ou parcial desta obra sem a prévia autorização, salvo como referência de pesquisa ou citação acompanhada da respectiva indicação. A violação dos direitos autorais é crime estabelecido na Lei n.9.610/98 e punido pelo artigo 194 do Código Penal.

Este texto é de responsabilidade do autor e não reflete necessariamente a opinião da Maquinaria Sankto Editora e Distribuidora LTDA.

Diretora-executiva
Renata Sturm

Diretor Financeiro
Guther Faggion

Diretor Comercial
Nilson Roberto da Silva

Administração
Alberto Balbino

Editor
Pedro Aranha

Assistente editorial
Amanda do Valle

Preparação
Eliana Moura

Revisão
Amanda do Valle

Direção de Arte
Rafael Bersi

Marketing e Comunicação
Matheus da Costa, Bianca Oliveira

DADOS INTERNACIONAIS DE CATALOGAÇÃO NA PUBLICAÇÃO (CIP)
ANGÉLICA ILACQUA – CRB-8/7057

PIANO, Leandro
   Além dos números : um manual prático para o CFO do futuro / Leandro Piano. -- São Paulo : Maquinaria Sankto Editora e Distribuidora Ltda, 2025.
   192 p.

   ISBN 978-85-94484-67-3

   1. Desenvolvimento profissional 2. Finanças 3. Negócios I. Título

25-0512   CDD 658.1

Índice Para Catálogo Sistemático:
1. Desenvolvimento profissional

Rua Pedro de Toledo, 129 – Sala 104
Vila Clementino – São Paulo – SP, CEP: 04039-030
www.mqnr.com.br

LEANDRO PIANO

ALÉM DOS NÚMEROS

Um manual prático para o CFO do futuro

mqnr

Sumário

10
Prefácio

14
Introdução

21
CAPÍTULO 1
Aceite seu protagonismo de coadjuvante

36
CAPÍTULO 2
Seja disponível

45
CAPÍTULO 3
Você não está aqui para ser amado ou odiado

58
CAPÍTULO 4
Trate TODOS exatamente da mesma forma

66
CAPÍTULO 5
Decisões difíceis e ambiente caótico

76
CAPÍTULO 6
Imponha limites

93
CAPÍTULO 7
Insatisfação consciente

111
CAPÍTULO 8
Você não se casa com quem acabou de conhecer

118
CAPÍTULO 9
***Single time events* e outros nem tão únicos assim**

133
CAPÍTULO 10
Quanto mais você delega, mais você trabalha

141
CAPÍTULO 11
Seja claro: água de coco de coqueiro

150
CAPÍTULO 12
Seja resiliente, mas não engula sapos

162
CAPÍTULO 13
Governança

173
CAPÍTULO 14
Rótulos

179
CAPÍTULO 15
O CFO do futuro

Às minhas filhas, que me mostraram que o coração de um pai não conhece limites para o amor. Vocês são meu maior orgulho, esse livro é por vocês.

Aspire a ser tão essencial que sua falta seja impensável, mas lidere de forma que sua ausência seja irrelevante. Um verdadeiro líder deixa legados, não dependências.

Prefácio

Sejam bem-vindos ao universo fascinante das finanças! Aqui os números parecem ditar regras, resultados, riscos, margens, retorno... e mais palavras que para muitos soam como palavrões. Do contrário, para quem aprecia, é um parque de diversões cheio de encantos e complexidades, como a Disney.

Neste mundo "encantado", o posto mais alto e, talvez, mais almejado é composto por 3 letras: CFO (**Chief Financial Officer**).

Como o autor discorre no primeiro capítulo *Aceite o protagonismo de ser coadjuvante*, o CFO não é aquele profissional que precisa estar na capa da revista, mas é aquele que domina o negócio. Afinal, é assim que o CFO trata da empresa que trabalha.

Se você já se perguntou o que exatamente faz um CFO ou está curioso para saber como chegar lá, então você tem em suas mãos o livro certo. E, veja, que *Além dos números* é uma obra em que o autor discorre sobre momentos e situações reais e experiências de décadas vividas na área financeira. Em muitas delas pude fazer parte e estava ao lado do Leandro Piano.

Com uma trajetória que começou há mais de duas décadas no mundo financeiro, nosso autor acumulou uma vasta experiência trabalhando em diversas empresas de renome. Desde seu início, ele tem uma história repleta de desafios, aprendizados e, sobretudo, muitas conquistas. Sua paixão pela partilha de conhecimento é o que o motivou a escrever este livro, com o desejo de desmistificar o papel do CFO e tornar o assunto acessível a todos.

Eu o conheci quando trabalhávamos no Walmart. Eu era o diretor de duas áreas: Planejamento Financeiro e Planejamento Estratégico. Foi nesta última onde começamos a trabalhar juntos e que demandava muita interação junto ao *C-level*. Isso logo trouxe muita visibilidade para o Leandro, que em pouco tempo passou a integrar o grupo de jovens talentos. Ele caiu na graça do CEO pelo seu desempenho e por ser um profissional que você pode contar sempre, seguindo à risca o que prega no capítulo *Seja Disponível*.

Em 2015, eu já estava no PagBank e o Leandro na Braskem. Contudo, após meses de conversa, o Piano aceitou vir para cá liderar a construção da área de Inteligência da empresa. Pois como diz o título do capítulo 3, *Você não está aqui para ser amado ou odiado*, o CFO precisa usar e abusar de números e análises para propor soluções que agregam valor ao negócio. A parceria deu tão certo que, em janeiro de 2018, culminou em uma das histórias mais brilhantes de abertura de capital de uma empresa brasileira.

Neste livro, veremos o quão importante são as pessoas e os relacionamentos construídos. Não só para a empresa, mas para a vida, como abordado no capítulo *Trate todos exatamente igual*. Também nos ensina que não se vive apenas de glamour na posição de CFO, como parece. Existem diversas situações que são difíceis e caóticas como discorre o autor no capítulo *Decisões difíceis e ambiente caótico* e que te fazem questionar: o caos é bom ou ruim nesta carreira?

Já o capítulo *Insatisfação Consciente*, um dos meus assuntos preferidos, faz com que o leitor reflita sobre a inquietude interminável de querer fazer melhor sempre. Esta é uma das principais características do autor: Como fazer melhor o que já foi bom ontem? Somado a esses questionamentos, Leandro traz diversas dicas de gestão.

Conforme o avanço da leitura, nos deparamos com diversos comportamentos e maneiras de agir e pensar que permeiam a nossa função. *Single time events e outros nem tão únicos assim* é um trecho desta obra que abre a nossa mente para lembrar que eventos fora do padrão acontecem sem avisar ou não. E os CFOs precisam estar preparados para lidar com qualquer situação inesperada.

E dentro desta temática comportamental seguem-se alguns capítulos fundamentais na evolução da carreira de um profissional de finanças que vislumbra chegar a posição mais alta. No capítulo *Quanto mais você delega, mais você trabalha*, o autor traz mensagens fortes de reflexão e coragem. Pois é difícil delegar algo que se faz tão bem, mas é fonte de desenvolvimento de novos líderes e assim fortalecer a companhia. Na sequência, faz um convite a mais uma reflexão relevante, aborda-se que a comunicação deve ser clara, direta e transparente para gerar confiança e tranquilidade na equipe.

Perto do fim do livro, me lembrei de uma história: certa vez, um colega foi promovido a uma posição de gerente de planejamento e todos na empresa falavam para mim que eu deveria ter assumido aquela posição, o que poderia mexer com o meu ego, gerar vaidade... mas em nenhum momento me deixei abater, pois tudo tem o seu tempo e as oportunidades aparecem para quem ama trabalhar... Só não podemos deixar passar.

Leandro Piano debate, também, em um capítulo chamado O CFO *do futuro*. Sua contribuição é importante, pois o mundo é assim, se transforma, e na posição de CFO não é diferente. Quando pensamos em futuro, pensamos logo em tecnologia, IA, robô, etc... Seja humilde para entender que existem tarefas que serão substituídas e prepare-se para ir além dos números, tirar proveito da tecnologia e focar na estratégia...

Por fim, convido a todos para lerem este livro fabuloso, de linguagem direta, objetiva, prazerosa e estimulante, que traz dicas, compartilha experiências. Esta obra é, sem dúvida, fonte de aprendizado, de leitura suave, cativa e prende a atenção... Prepare-se para se envolver, se inspirar e, quem sabe, descobrir um novo interesse pelo empolgante mundo dos CFOs!

Boa leitura!

— **Artur Schunck**, CFO do PagBank

Introdução

24 de janeiro de 2018, Nova York. Meses de trabalho em sigilo quase total no PagSeguro nos levaram a uma entrada histórica na The New York Stock Exchange (NYSE): o maior Initial Public Offering (IPO) de uma empresa brasileira desde o BB Seguridade, em 2011, somando bilhões de dólares na conta. Os superlativos em relação à gigantesca operação se acumularam: foi o maior IPO do ano de uma companhia não americana. Tudo isso menos de três anos depois do lançamento da Moderninha, o terminal de pagamentos que mudou nossas vidas.

A quantidade de trabalho envolvida na construção de uma história desse tamanho daria outro livro — somente o documento que preparamos para o IPO é um livro em si, com quase 300 páginas, nas quais contamos e provamos a solidez da empresa para o mercado.

Um IPO é, provavelmente, a maior entrega que um *Chief Financial Officer* (CFO) pode fazer por uma empresa. Ele é o grande maestro dos movimentos necessários, tanto nos bastidores como no palco, para uma companhia chegar a esse lugar único. Além das habilidades necessárias — às quais este livro se dedica —, um CFO e qualquer outro profissional precisam ter uma boa dose de sorte para estar presentes em uma empresa que faz um IPO e conseguir liderar esse processo. A realidade é que a maior parte das pessoas jamais vai experimentar essa sensação. Afinal, isso só ocorre uma vez na existência de uma entidade. Nem tudo depende de capacidade e mesmo o melhor CFO do mundo, caso não tenha uma dose de sorte, pode nunca experimentar a sensação de um IPO.

No momento em que uma iniciativa empresarial chega ao ponto de se tornar pública ao abrir capital, ela olha para o mundo e diz que está ali para ficar, que é uma ideia — concreta — que existirá para sempre. Se a afirmação parece exagero, as empresas pelas quais passei mostram que não.

Werner von Siemens nasceu em 1816, na Alemanha. O sobrenome sobreviveu à sua morte, em 1892, através da companhia que fundou com Johann Georg Halske em 1847. Mais de cem anos após o falecimento de Werner, eu passava a fazer parte, em outro continente, da sua criação. Em poucas décadas, o império Siemens terá 200 anos.

Impérios, porém, mesmo quando já são deste tamanho, não se mantêm somente com base em sorte e renome. O destino é a ruína caso não haja governança adequada, uma das tarefas essenciais na carteira de atividades de um CFO.

Antes que se criem confusões, é importante dizer que eu não fui o CFO à frente do IPO do PagSeguro, o Eduardo Alcaro era o CFO — poderia dizer que "infelizmente não fui", porém não sinto isso; quem liderou em conjunto com o Alcaro partes importantes do processo (e escreve o prefácio deste livro) era a pessoa certa para a tarefa. Curiosamente, apesar de guiar a operação, Artur Schunck era diretor financeiro, não CFO. Naquele momento, eu era *head* de inteligência da instituição, um posto-chave para o IPO e para o qual era necessário alguém da confiança de Luiz Frias de Oliveira, cabeça do PagSeguro, dado que absolutamente todos os números da empresa passavam pela minha cadeira. Com os dados financeiros em mãos, liderei a modelagem financeira que guiou o IPO. Minhas mãos, aliás, estiveram em todo o processo, em alguns momentos literalmente e de maneira menos glamorosa: na madrugada pré-IPO, fui buscar champagne e taças — afinal, até os minutos finais, toda a operação era revestida de sigilo — para brindarmos o momento histórico e surpreendente para a grande maioria da empresa.

Além da posição estratégica na qual eu estava, o tempo que passei no PagSeguro teve um sabor especial. A empresa passou de *player* relativamente pouco conhecido para um gigante, com um salto de lucro de 26 vezes, saindo de R$ 35 milhões para R$ 910 milhões.

Agir para que uma companhia cresça nesse nível tem sido o que mais me apetece na carreira. E posso dizer que tenho sido bem-sucedido nisso. Além do PagSeguro, entrei em uma Warren Investimentos pequena e saí de lá com uma empresa mais de 60 vezes maior. Nesse processo, ocorreram três captações de recursos e seis M&As (operações de *Merger and Acquisitions*) — o que significou nove alterações societárias em pouco mais de dois anos. A Belvo, onde estou enquanto escrevo este livro, já cresceu sete vezes desde a minha entrada. Esse sabor, porém, só passou a fazer parte da minha vida profissional após o azedume enfrentado como parte da também gigante Braskem, braço da Odebrecht, durante investigações da Lava-Jato. Percebi, ao longo do tempo, que não preciso estar em companhias enormes para construir histórias de valor.

Apesar das satisfações no caminho, pairava sobre os meus passos profissionais uma sensação de vazio. Não um vazio existencial, mas de conhecimento. Conforme enfrentava os diversos desafios financeiros do dia a dia de CFO ou de um profissional que se encaminhava para isso, parecia que eu estava sozinho. Você talvez já tenha sentido isso e, como vou comentar mais adiante, essa sensação é comum ao alcançar um cargo *C-level* ou ao galgar postos. Mas, no meu caso, tratava-se de uma solidão profissional que não era condizente com a realidade. Afinal, eu não era a primeira pessoa a enfrentar os desafios que se apresentavam. Foi então que entendi: o caráter muitas vezes discreto de CFOs — ao menos quando comparados a CEOs — faz com que guardemos para nós o que acontece e não compartilhemos a *expertise* que a posição traz. Temos incontáveis livros sobre as trajetórias de CEOs, outros diversos contando de seus passos e da linha de raciocínio utilizada para tomar decisões, além de inúmeros *podcasts* e filmes sobre essa cadeira que já faz parte do imaginário popular. Porém quantas obras você viu e consumiu contando os bastidores do trabalho dos CFOs? Quantas biografias de CFOs você tem em sua biblioteca e quais manuais sobre essa cadeira você já leu?

Caso esteja em dúvida, eu dou a resposta: procurando no Brasil e no exterior, encontrei pouquíssimo material. É claro que, para questões técnicas, a literatura financeira é vasta. Mas, quando no cargo de CFO, você terá à sua disposição uma equipe especializada. O dia a dia do CFO moderno extrapola a tecnicidade que vemos em materiais e é, em sua maior parte, perpassado por pura estratégia de negócio. Além de uma referência técnica dentro da empresa, você, como CFO, é agora um representante e uma figura de influência de toda aquela história da qual sua empresa faz parte.

Meu objetivo é que você não tenha que passar pelo mesmo que eu e outros tantos atuais CFOs passamos ao chegarmos a essa cadeira, nos deparando com um universo totalmente desconhecido, quando surgem as questões: E agora? O que eu faço? Como eu ajo? Antes que a dor guie seu aprendizado, espero que este livro chegue às suas mãos. Esta obra também pretende ajudar os colaboradores ao redor do CFO a entender decisões, ideias e comportamentos adotados.

Espero que este seja o primeiro de muitos livros sobre a realidade de um CFO que, juntos, ajudarão a compor um quadro abrangente dessa realidade. Não espere aqui, portanto, um manual exaustivo e detalhado de tudo o que você vai encontrar na sua trajetória profissional. Seria impensável e inviável — desconfie se alguém tentar vender algo do tipo. Afinal, mesmo conhecendo os bastidores e as habilidades necessárias para ser um bom CFO hoje e amanhã, o posto pede uma visão para além do que se vê e uma mente estratégica aguçada. Por isso, estar por dentro das novidades e perceber a necessidade de, às vezes, trocar a roda com o carro em movimento são situações que aguardam quem optou seguir a jornada do CFO.

Referências

SANTOS, Poliana. IPO NOS EUA: Confira 5 empresas que preferiram abrir capital em Nova York. **Suno**, 17 abr. 2021. Disponível em: https://www.suno.com.br/noticias/empresas-brasileiras-ipo-bolsa-eua/

PAGSEGURO FAZ MAIOR IPO de uma brasileira nos EUA. **Forbes,** 24 jan. 2018. Disponível em: https://forbes.com.br/negocios/2018/01/pagseguro-levanta-us-27-bi-em-ipo-nos-estados-unidos/.

SIEMENS. **Werner von Siemens**. Disponível em: https://www.siemens.com/global/en/company/about/history/stories/werner-von-siemens.html.

Capítulo 1: Aceite seu protagonismo de coadjuvante

Entender o seu papel e fazê-lo com maestria te destaca muito mais do que tentar resolver todos os problemas. Aceite que, em uma empresa, muita coisa precisa ser resolvida, não somente as suas. A carreira do CFO evoluiu demais, chegue lá pensando em como ser diferente.

Existe a possibilidade de que você nunca tenha ouvido falar de John Connors, Fred Anderson e Patrick Pichette. As empresas desses incríveis CFOs e Vice-Presidentes Financeiros, porém, estão em contínuo destaque, por bons motivos, no mundo e na vida das pessoas. Por longos períodos, esses profissionais lideraram, à sua maneira, Microsoft, Apple e Google, respectivamente.

Nomes mais conhecidos, como Bill Gates, Steve Jobs, Steve Wozniak, Ronald Wayne, Larry Page e Sergey Brin, são, obviamente, mentes brilhantes. O que pretendo mostrar no decorrer deste livro é que eles não são os únicos e que não poderiam liderar sozinhos. As empresas das quais estiveram à frente chegaram onde estão hoje pela contribuição dos bons CFOs ali atuantes.

Pelo menos em parte da trajetória dos CFOs, é adequada a expressão "mar calmo nunca fez bom marinheiro". Parte do aprendizado é proveniente do raciocínio necessário para solução dos problemas que surgem e dos erros que, muitas vezes, são gerados por nós mesmos.

Porém, imagine-se sendo lembrado somente pelos momentos de crise de uma empresa. Há uma expressão jocosa que diz que "CFO em capa de jornal é de empresa com problemas". Novamente, imagine sua foto, como CFO, em destaque em reportagens sobre uma companhia com problemas graves de gestão e governança. Entre um e outro, se fosse objeto de escolha, talvez estar no time mais discreto de Connors, Anderson e Pichette soasse melhor.

Mas é óbvio que as coisas não precisam seguir somente esses extremos. O universo dos CFOs só permanece discreto porque as histórias e práticas dos bons CFOs ainda não foram devidamente contadas. Faltam livros que tratem de forma detalhada a forma de pensar e que mostrem o passo a passo dos Connors, Andersons e Pichettes do mercado. Essa é parte da minha missão com este livro.

Contudo, antes de seguirmos adentro na mente do CFO, é importante termos contexto e noção do que era um CFO antes e do que ele é hoje.

A história do CFO

A posição de CFO hoje é consideravelmente diferente em relação ao que era no passado. Pode-se dizer, na verdade, que a figura atual do CFO só foi construída bem recentemente.

Hoje o CFO pode ser visto com uma aparência mais executiva do que a do próprio CEO — este muitas vezes deixa de lado, pelo menos aos olhos do público, o ar executivo em troca de feições mais populares — e parece deter o futuro de empresas nas mãos. Porém, há não muito tempo ele era tido somente como o responsável por cortar custos e gerir caixa dentro de uma companhia. Além disso, garantia a integridade financeira da pessoa jurídica, conferindo, por exemplo, se os balanços contábeis estavam corretos e lidando com auditorias.

No meu início de carreira, esperava-se também que o CFO fosse um tipo mal-humorado, fechado em um universo próprio e de difícil acesso.

A realidade é que o papel do CFO, por boa parte do século 20, ficava limitado a questões de contabilidade — que, não me entendam mal, têm grande importância para as empresas —, como impostos e orçamentos. Os assuntos estratégicos eram um universo de atuação distante. Não é um exagero dizer que a atuação financeira do CFO naquela época muitas vezes só acontecia depois das decisões já terem sido tomadas, o que, na mentalidade corporativa atual, é algo inaceitável. Se isso gerou estranheza ao ler, é preciso ter em mente que se tratava de um período em que os dados eram muito mais escassos do que hoje.

Além das funções diversas, o próprio termo CFO é algo relativamente recente. Uma pesquisa sobre o cargo indica 1966 como data para a primeira aparição da sigla. Anteriormente, pessoas que exerciam o controle financeiro de uma empresa (tomando os EUA como referência) eram chamadas de *financial controller*, *(executive) vice president of finance* ou *treasurer*, aponta o estudo "the rise of the CFO in the American firm".

"No entanto, até mesmo o título '*finance director*' (em português, 'diretor financeiro') não era comum até depois da Segunda Guerra Mundial, sendo '*chief accountants*' ('contadores-chefes') ou '*financial controllers*' ('controladores financeiros') a norma antes da guerra", diz o artigo publicado na Revista de Contabilidade, de Carmen Martínez Franco (Universidade Católica de Murcia, Espanha), Orla Feeney, Martin Quinn (Universidade Dublin City, Irlanda) e Martin R.W. Hiebl (Universidade de Siegen, Alemanha).[1]

São inúmeros os acontecimentos, no século passado, que podem ser elencados como impulsionadores da mudança na visão e atuação de CFOs. Nos EUA, por exemplo, alterações legais tornaram a pessoa encarregada da contabilidade da empresa

---

1 A referência completa deste estudo está no final deste capítulo.

potencialmente responsável por declarações ou omissões que resultassem em fraudes. Um movimento de criação de conglomerados na década de 1960 fez essas entidades terem um cuidado a mais com a alocação de recursos em diferentes empresas dentro da mesma estrutura. Nos anos 1970, regras de contabilidade mais duras levaram companhias a colocar mais responsabilidade na figura do CFO, tornando mais comum a presença financeira em um cargo *C-level* (um cargo de chefia, no topo da hierarquia). Mais recentemente, o processo de globalização e o crescimento da importância da ideia de *shareholder value* (as empresas alocando esforços para dar mais retornos a seus acionistas e manter valores elevados de suas ações) também podem ser indicados como fatores que levaram à ascensão da figura do CFO.

Os pré-CFOs da Guinness

O posto ocupado pelo que seria um CFO, portanto, tem indicações de ter sido menos complexo antigamente. Apesar disso, em alguns casos, certamente envolvia mais do que analisar balancetes. Um desses exemplos é visível nos trabalhos exercidos por Walter Phillips, Archibald Hyslop Carlyle e Richard David Keown Boyd Clarke como *chief accountants* na cervejaria Guinness, de 1920 a 1945.

Parte da rotina desses homens era supervisionar o trabalho desempenhado por uma equipe que registrava vendas, pagamentos e débitos em aberto. Além disso, os *chief accountants* desse período cuidavam mais diretamente do chamado *Red Ledger*, um livro contábil dos demonstrativos financeiros da empresa alimentados pelo resultado dos levantamentos de vendas, pagamentos etc. Nos arquivos diretos dos *chief accountants*, os pesquisadores encontraram demonstrativos financeiros anuais, além de material relacionado ao *Red Ledger*.

Porém, o trabalho desses *chief accountants* ia além. Os registros mostram que esses profissionais também tinham que fazer gestão de propriedades, riscos e investimentos. Eles cuidavam, por exemplo, das receitas de aluguéis de terrenos que a Guinness possuía. "Há também evidências de investimentos feitos em ações de empresas e títulos do governo, especialmente a partir de meados da década de 1930".[2]

Além das tarefas que superam o simples controle de fluxo de caixa, os pesquisadores perceberam poucas mudanças entre as diferentes gestões de *chief accountants* no período. Isso demonstra uma estruturação do cargo em um momento histórico anterior a regulamentações contábeis.

---

[2] A referência completa desse estudo está no final do capítulo.

Apesar do papel que exerciam, os *chief accountants* não faziam parte do Conselho Administrativo da Guinness e não costumavam participar das reuniões do conselho. Porém, segundo os autores da pesquisa, eles regularmente aconselhavam a diretoria sobre questões de contabilidade e de custos. Esse conjunto de fatores reforça como o papel do CFO (no caso, de um cargo antigo que hoje seria tido como de CFO) mudou e cresceu em importância com o passar do tempo. Ao mesmo tempo, a semelhança das práticas desses *chief accountants* durante o período estudado mostra a força de práticas cristalizadas na posição ocupada. Em outras palavras: apesar da falta de controle externo, havia um conjunto de ações já tradicionalmente praticadas na contabilidade da empresa.

Há ainda um ponto curioso nessa história da Guinness. Os três *chief accountants* da empresa nesse período não tinham qualificação profissional específica para a área contábil. Todos foram treinados internamente e alcançaram o cargo mais elevado do setor após mais de uma década dentro da empresa. Esse fato pode parecer até absurdo, mas, mesmo atualmente, tenho para mim que o cargo de CFO não necessariamente está atrelado a uma formação contábil ou econômica. Ao observar o mercado, não me surpreenderia encontrar engenheiros ocupando o cargo de CFO. Pessoalmente, inclusive, já trabalhei com um advogado que tinha sido CFO de bancos.

De toda forma, o exemplo da Guinness está restrito à própria Guinness. Não é possível generalizá-lo e deduzir que todas as operações caminhavam na mesma direção. Estamos falando de uma empresa que já era consideravelmente grande para a época e a maior cervejaria da Irlanda. Durante o período estudado, a companhia era o maior empregador da cidade de Dublin, com cerca de 3.500 funcionários. Com negócios de destaque também no Reino Unido, em 1920, o lucro antes das taxas incidentes no negócio era de aproximadamente £12.9 milhões. Em 1930 era de £2.4 milhões e, em 1940, £1.5 milhão. A margem de lucro, durante o período estudado, ficava na casa de £5.7 milhões. Assim como atualmente, não se espera que o funcionamento de uma equipe financeira em uma empresa com 10 funcionários vá ser idêntico ao de uma empresa com 5 mil colaboradores.

Além dos fatores mencionados para a evolução do CFO, também é preciso levar em conta a bagagem técnica dos ocupantes desse cargo e o chamado "ciclo da miséria". Explico: como vimos, antes o CFO ficava restrito a questões de auditoria e de cortes de custo. Cortar constantemente pode levar qualquer empresa ao que chamamos de "ciclo da miséria". Uma companhia, em um *quarter*, não vende o previsto; ela aciona o setor financeiro e pede um corte de custos. Com menos recursos, há menos dinheiro para investir em novos produtos, campanhas e negócios. Se a venda for, novamente, menor do que o esperado, o corte de custos pode aparecer, de novo, como opção possível, em um ciclo contínuo no qual a única preocupação é cortar custos, ignorando as diversas outras áreas da empresa. Às vezes, cortes podem mesmo ser necessários, quando, por exemplo, há uma área inchada na companhia. Quem conseguiria ter uma visão mais ampla dos processos da empresa para compreender a situação e resolver problemas desse tipo? O CFO.

O CFO moderno

Então, atualmente, o que seria um bom CFO?

O bom CFO é e será aquele que se doa para o negócio, para as tarefas mais críticas e, dependendo do ponto de vista, menos sexy. A pessoa certa para o cargo, como mostrarei no próximo capítulo, deve estar disponível e com a mente aberta para os desafios que surgirem pelo caminho.

Gosto de fazer uma analogia do trabalho de CFO com o futebol. **O CFO é, ao mesmo tempo, o goleiro e o técnico da empresa.** Por sinal, se meu destino não tivesse me guiado para a área financeira, eu jogaria futebol profissionalmente (acredito que eu era bom para chegar lá). Ironicamente, minha posição era debaixo das traves, como goleiro. Porém, o esporte é ingrato com os guarda-redes e os técnicos. Se no jogo fizermos vinte defesas difíceis, mas falharmos em apenas uma, o destino da equipe pode ter sido definido ali — e é possível que sejamos tidos como culpados pelo resultado negativo. A mesma coisa acontece com os técnicos. Eles podem levar o time, com uma boa estratégia, a diversas vitórias seguidas. Mas bastam três derrotas seguidas para o clima de crise se instalar.

As áreas financeiras são parecidas com esse cenário. Você pode apoiar sua empresa a tomar incríveis decisões, a captar recursos, a criar uma trajetória de solidez do valor das ações. Mas ai do CFO que se atrever a deixar de cumprir uma única obrigação do regulador ou de renegociar uma única dívida que gere exposição antecipada ao seu fluxo de caixa. **A responsabilidade, é óbvio, será única e exclusivamente do CFO, e as conquistas passadas talvez empalideçam.**

No universo esportivo, é improvável que o escolhido como melhor jogador de uma temporada seja o goleiro. Os ótimos técnicos até são bastante lembrados, apesar das constantes críticas que recebem. De forma paralela, é improvável que um CFO seja a figura mais popular e querida dentro de uma corporação — mas, como dito anteriormente, nós, que ocupamos ou pretendemos ocupar o cargo, precisamos começar a mudar isso.

Os universos são diferentes, e isso nem mesmo precisa ser destacado. Porém é possível traçar paralelos entre as responsabilidades de cada uma dessas atividades.

Apesar disso tudo, aceitar o papel — às vezes pesado, mas rico e recompensador — que lhe cabe é relevante para uma boa harmonia das atividades e a clara compreensão de onde cada um dos jogadores deve atuar. Aceitar esse papel também é relevante para não deixar o sucesso subir à cabeça. É preciso lembrar que mesmo as vitórias vêm com desgastes e pontos a serem reciclados e repensados a partir de um tratamento adequado e próprio. Por isso, é importante criar metodologias, processos e rotinas que facilitem a vida.

Aceitar o protagonismo do seu papel de coadjuvante é dar o seu melhor para que o CEO/Founder (que, na grande maioria dos casos, tem um perfil de negócios ou de concepção de produtos) tenha tempo de qualidade para ouvir o cliente, testar novos produtos, fazer *pitch* constante para o mercado e pensar — com você — nos próximos trinta anos da empresa.

Abraçar o protagonismo — às vezes discreto — do seu papel de coadjuvante como CFO é deixar que o CEO brilhe à própria maneira! Reportagens sobre como a empresa é incrível terão estampada a cara do CEO — e, em alguns casos, para jornalistas mais atentos, talvez a sua. O livro com a história da empresa e com lições para inspirar outras pessoas terá o nome do CEO na capa. Porém, você pode e deve ocupar capítulos desse livro e talvez até dividir a capa, mostrando-se como o braço direito que é e contando como evoluíram o negócio juntos.

Esse é o cenário que devemos construir, mas sem uma busca por fama ou exposição de mídia, atitudes que podem mais ferir do que ajudar a empresa. Porém, a realidade hoje é ainda de CFOs, que são braços direitos do CEO, isolados na companhia, em processos solitários — falaremos mais sobre isso em capítulos adiante. A conexão com o CEO não se resume a uma companhia executiva. Ela deve representar uma parceria de estratégia — hoje a principal função do CFO.

O cargo máximo da área financeira de uma empresa não requer que se saiba todos os números da companhia, em cada setor, de cada produto. O necessário para ser um bom CFO hoje é ter entendimento do negócio. Se antes o CFO era aquele que pegava planilhas cheias de números e analisava linha por linha, atualmente ele precisa ser dono dessas informações, sabendo, ao ter contato com elas, o que tais números querem dizer e para que direção apontam em relação ao negócio.

Competências de um bom CFO

No papel de "técnico" da empresa, o CFO hoje deve ser a máquina de crescimento do negócio. Para isso, como aponta um relatório da McKinsey & Company,[3] uma série de competências são necessárias:

1 - Controles financeiros e organizacionais

Básico da pirâmide de habilidades; nunca pode sair de vista. Nessa área está incluída a documentação dos próprios controles e processos, além de habilidade para separar custódia, relatórios e autorizações.

2 - Relatórios financeiros

Apesar de a atuação do CFO hoje ser mais estratégica, o conhecimento básico ainda é essencial. A capacidade de criação de documentos que conseguem extrair o que é importante, em meio a montanhas de números, ajuda nas tomadas de decisão dentro da empresa.

3 - Orçamento e planejamento

É necessário ser capaz de desenvolver métodos ágeis para orçamento e planejamento, além de colocar em prática FP&A (planejamento e análise financeira, na sigla em inglês) avançado e previsão de fluxo de caixa.

4 - Gerenciamento

Apesar de você não ser o responsável por olhar todos os dados, deve ser o líder da equipe de análise contábil.

---

[3] A referência completa do relatório está no final do capítulo.

Você pode implementar uma disciplina de "economia de unidade" em cada equipe — para o negócio como um todo, a "economia de unidade" são dados que servem para observar custos e lucros; o *churn* (a perda de clientes ou de receitas) ou a receita recorrente mensal são exemplos.

5 - Gestão de performance

Você também deve ter capacidade de observar como está a produtividade de times e indivíduos.

6 - Estratégia financeira

No topo das competências necessárias atualmente temos a estratégia. É importante que você tenha uma narrativa competente para que os investidores olhem para você e para a sua empresa. A visão estratégica também pode passar por planejamentos relacionados a M&A (fusões e aquisições).

As múltiplas esferas de ação do CFO requerem responsabilidade e resiliência. **"Se não estão falando mal de nós, nosso trabalho está impecável, mas não achem que falarão bem."** Essa é uma frase que digo em alguns momentos ao meu time, por ser o que vivemos até aqui. Porém, mais uma vez, digo que é possível melhorarmos essa situação e passarmos a ter uma visão mais adequada e positiva, seja de dentro da área e da cadeira de CFO ou de fora para dentro.

Referências

ZORN, Dirk M. Here a Chief, There a Chief: the rise of the CFO in the American firm. **American Sociological Review**, [s.l.], v. 69, n. 3, p. 345-364, jun. 2004. SAGE Publications. http://dx.doi.org/10.1177/000312240406900302. Disponível em: https://journals.sagepub.com/doi/10.1177/000312240406900302.

FRANCO, Carmen Martínez et al. Position practices of the present-day CFO: a reflection on historic roles at Guinness, 1920–1945. **Revista de Contabilidad**, [s.l.], v. 20, n. 1, p. 55-62, jan. 2017. Servicio de Publicaciones de la Universidad de Murcia. http://dx.doi.org/10.1016/j.rcsar.2016.04.001. Disponível em: https://www.sciencedirect.com/science/article/pii/S1138489116300036#bib0415.

MCKINSEY & COMPANY. **Best practices of the world's best technology CFOs.** São Paulo, nov. 2022.

Capítulo 2: Seja disponível

Só é lembrado quem se faz presente. Se seu trabalho chamou atenção, é porque tem valor — aproveite essa oportunidade ao máximo.

Não reclame de suas tarefas. Melhor ter um emprego do que estar desempregado.

É provável que você já tenha se deparado com afirmações desse estilo partindo dos seus pais ou de gestores duros afeitos a choques na equipe.

Apesar de haver alguma verdade na expressão, pois ninguém quer estar desempregado, não concordo integralmente com ela. O intuito das reflexões propostas neste livro não é levar você a engolir qualquer ideia e ser sempre "o tonto da vez", aquele que faz o trabalho por alguém ou faz o que ninguém quer fazer.

Há, porém, uma frase que ocupa espaços comuns ao lado da expressão que inicia este capítulo, mas que se firma numa perspectiva diferente e mais construtiva. Acredito que a frase seguinte tenha contribuído significativamente para a minha carreira:

Claro, contem comigo!

Devo confessar que sempre gostei de ser o tipo de pessoa que topa tudo. Precisa de ajuda? Me chame! **Ser disponível, curioso e interessado não vai, necessariamente, fazer de você "o tonto" da negociação; porém, impor limites é fundamental.** Não se pode negar, obviamente, que existe também o trabalho tóxico, que extrapola limites morais, éticos ou vitais. Escrevo, entretanto, assumindo que ninguém lê este livro esperando um convite para ser vilão ou cúmplice de atitudes reprováveis, mas para ser o vencedor e o herói de sua própria história.

O que significa, então, ser o "topa-tudo" do time?

Significa ser a primeira pessoa lembrada pela sua liderança, ou pela liderança da sua liderança, ou pelos seus pares, ou pelo seu time como a pessoa capaz de desvendar quaisquer problemas ou dúvidas que possam surgir. Deve-se ter sempre em mente que, para ganhar amplitude, conhecimento e vivência, não existe caminho melhor do que fazer de tudo um pouco, sabendo se sair bem em problemas micros e naqueles mais estratégicos.

A companhia está discutindo a aquisição da empresa xyz e recebeu gigabytes de arquivos. Não sabem nem por onde começar a organizar a documentação.

Contem comigo!

A empresa precisa iniciar uma vertical nova na operação e não tem ninguém disponível e com o perfil certo para lidar com isso.

Contem comigo!

Há uma reunião, na semana que vem, do Comitê Executivo e o assistente não virá. Será que você toparia entrar na reunião e fazer a ata?

Contem comigo!

Isso é ser disponível. Porém, é claro que os dois primeiros exemplos citados parecem mais empolgantes. Quem não quer trabalhar em um projeto de M&A (*Mergers and Acquisitions*) para sua empresa, potencialmente impactando os rumos dela? Ou então criar uma área, do zero, com carta branca, investimento disponível e poder de escolha sobre a estratégia?

Aceitar fazer atas, porém, seria algo para o que muitos virariam a cara. Vamos focar isso, então, pelo valor intrínseco aparentemente menor dessa atividade e por ter sido ela uma das coisas a marcar minha visão e vida profissional.

Eu já era Senior Manager e liderava um time de quase cinquenta pessoas, entre *reports* diretos e indiretos. Tinha autonomia, respeito e reconhecimento de todos os diretores e executivos da empresa. Todo mundo me conhecia. Fazer ata de reunião a essa altura do campeonato? Após tanto trabalho para chegar onde estava, para deixar para trás a operação e ver as coisas do alto? Por que eu voltaria a fazer atas, uma das minhas primeiras funções, ainda como estagiário em meu primeiro emprego no universo financeiro?

A resposta é mais simples do que você poderia imaginar: **eu poderia saber de TUDO que acontecia e aconteceria naquela empresa**. Com esse conhecimento em mãos, conseguiria decidir cada vez melhor e estaria pronto para liderar cada vez melhor, independentemente do projeto que aparecesse.

Fazer atas se tornou uma nova função dentro do meu cargo de Senior Manager. Virei o "fazedor oficial de ata", mas me tornei mais ainda um coringa dentro da empresa.

Por esse motivo, o que veio em seguida foi muito além do "fazer atas". Participei de M&As, toquei toda a área financeira de empresas adquiridas, iniciei o MVP (*Minimum Viable Product*, o produto mínimo viável) de um banco digital e participei de um IPO. Você, um assíduo do noticiário econômico e que leu a introdução deste livro, já pode imaginar que estou falando do PagBank. Lá tive a honra de ser um dos poucos Senior Managers convidados para o projeto do IPO. Criei absolutamente do zero seis áreas que começavam em mim, solitário, e se tornavam um time de cinco, dez, quinze pessoas.

Sabe por que eu fui o escolhido para tamanhas tarefas, como IPO e projetos de M&A? Por conta da ata que eu topei fazer às 8 horas da manhã de uma segunda-feira. Topar fazer as atas me levou, em alguns casos, a ser o primeiro a saber e a se prontificar a agir. Enquanto se perguntavam quem poderia fazer, eu levantava a mão e dizia "Eu topo! Contem comigo!". Em outros casos, pela necessidade de sigilo (quanto menos gente soubesse do assunto, melhor), era eu que ia, porque já sabia do assunto. Em outras vezes, eu era o escolhido porque meu rosto já estava ali, "na cara deles", inconscientemente dizendo:

Contem comigo.

Feio e bonito

Contei essa história para nos direcionar a uma importante lição: **Não adjetive o trabalho como "feio" ou "bonito"**. Olhe sempre para as oportunidades como aquilo que pode ajudá-lo a dar mais um passo, a conhecer mais gente ou se envolver em mais assuntos. Como a situação pode completar você e fazê-lo um melhor profissional ou uma melhor pessoa?

"Olhe o copo meio cheio" — essa é uma daquelas frases prontas, mas cheias de fundamentos.

As tarefas que chegarão em alguns momentos, especialmente para os mais jovens e inexperientes (aquela fase da vida em que a imaturidade faz crer que já sabemos de tudo e que o cargo de diretor da empresa está logo na esquina), certamente serão enfadonhas. Também será difícil ver quais portas elas poderão abrir — talvez não abram nenhuma. Mas mostrar-se disponível pode fazer o trabalho realizado se destacar, ao menos na mente dos chefes.

Falo isso por ter visto de perto inúmeras pessoas brilhantes que, por serem tão indispostas para trabalhar, ficaram pelo caminho.

Trazendo mais uma vez o futebol para as finanças, vamos pensar juntos: Quantos astros surgem, ganham fama e somem em menos de cinco anos? Nas empresas é semelhante. E o que faltou? Vontade de trabalhar!

Perfil de CFO

Para ser bem-sucedido no novo perfil de CFO buscado pelo mercado, a coragem e a vontade de trabalhar são atributos básicos, que começam desde cedo na profissão.

Os conhecimentos podem se completar, mas, ao construir ou escalar uma empresa, nunca haverá, desde o início, cinquenta pessoas no time. Com sorte, muita sorte mesmo, você vai encontrar uma empresa com cinquenta pessoas ao todo. Assim, só restam duas opções: ou você faz o trabalho que ninguém quer fazer ou você pula fora.

Em um ambiente no qual qualquer novo recurso precisa ser cuidadosamente bem pensado e a eficiência tem que ser máxima, temos o seguinte cenário: se não é você a fazer, alguém fará. **Quem fizer será lembrado**.

Está em suas mãos outro exemplo de como a disponibilidade é um diferencial que faz as coisas acontecerem no mercado, que cria abrangência e relevância, e pode levar você aonde sempre sonhou.

No caso em que virei o "fazedor oficial de atas", havia uma relação direta e prática entre o resultado e a disponibilidade que apresentei. Além disso, tratava-se do meu trabalho diário, o ganha-pão. Mas até mesmo estar disponível para coisas aparentemente banais pode fazer sua realidade mudar de perspectiva.

Durante o segundo semestre de 2023, o dia a dia na Belvo (empresa da qual faço parte no momento em que escrevo este livro) caminhava em velocidade de cruzeiro. Eu estava viajando muito, tendo contato com muita gente do mercado e posicionando de forma sólida a Belvo para o mercado de Venture Capital (investimento em empresas em estágio inicial ou crescimento) na América Latina.

Em uma dessas conversas, descobri um evento legal que aconteceria em São Paulo, o "Vamos Latam Summit", organizado pela equipe da Latitud (um dos mais ativos e renomados fundos de Venture Capital focados em *Early Stage* da região), e com participação de muita gente relevante do mercado.

Algum tempo depois de tomar ciência desse fato, um colega de profissão me marcou em um comentário no LinkedIn, em uma postagem do fundador da Latitud, Brian Requarth, que também fundou a Viva Real, uma plataforma de compra, venda e aluguel de imóveis (depois vendida para o Grupo ZAP). No post, Brian pedia indicação de pessoas que pudessem apoiar o time dele em feedbacks sobre um produto em desenvolvimento.

Honestamente, não sei por que meu colega me marcou naquela publicação e também não tenho conhecimento de por que o Brian me escolheu. De toda forma, quando notei, eu tinha sido apresentado ao fundador da Latitud e fui auxiliar o time dele. Pouco depois, Brian me ofereceu um painel no "Vamos Latam Summit".

Uau! Eu passei, em questão de semanas, de um desconhecido do Brian para um participante de um painel no seu evento anual.

Além da satisfação pessoal, eu reforçaria a relevância da Belvo para o mercado (haveria mais de 5 mil pessoas participando do evento). "Reforçaria", porque acabei não indo. Faltando uma semana para o evento, minha participação foi cancelada. Em troca, porém, me ofereceram um workshop para 100 pessoas. O tema era "Como ser um CFO de empresas *early stage*".

De 5 mil para 100. E, até aquele momento, sem qualquer material pronto para o workshop no qual me queriam na semana seguinte. O que fazer?

Se você entendeu como a mente de um CFO precisa funcionar, já sabe a minha resposta simples, direta e efetiva:

Claro, contem comigo!

Ao construir a apresentação, só conseguia pensar que eu seria muito melhor hoje como CFO se tivessem me dito todas as dicas que eu estava preparando para o workshop.

O encontro no "Vamos Latam Summit" foi um sucesso. Plateia lotada e um pequeno grupo de pessoas na fila, esperando uma possível vaga para entrar. Ainda que, numericamente, pouco mais de 100 pessoas possa não parecer muito, ao mesmo tempo que eu apresentava o meu workshop ocorria um painel com os maiores nomes da indústria de tecnologia da América Latina.

Ao sair do evento, duas coisas passavam repetidamente pela minha cabeça. A primeira era que eu precisava ajudar aquele público que tinha ido participar do meu workshop — e este livro existe exatamente para isso. E a segunda era: Já pensou se eu não tivesse dado bola para aquele simples comentário do meu colega no LinkedIn?

Por isso, sempre tenha prontas consigo as palavras "Claro, contem comigo!".

Capítulo 3: Você não está aqui para ser amado ou odiado

Equilibrar decisões difíceis sem gerar rupturas é, talvez, o maior desafio de um CFO. Ter frieza para decidir com segurança é essencial, mas, inevitavelmente, sempre haverá alguém convicto de que você está fazendo tudo errado.

Ser CFO de uma empresa não é um concurso de popularidade, uma busca por ser amado ao invés de odiado. A natureza do trabalho, porém, leva a uma relação amor-ódio por diferentes cargos da companhia. Gostem ou odeiem, esse não pode ser um ponto levado em conta pelo CFO, porque **a frieza é um fator fundamental para quem ocupa essa posição.**

As palavras "frieza" e "finanças" juntas podem trazer à mente a ideia de *layoffs*. Todo CFO sabe que isso realmente faz parte das atribuições do posto, mas, a seguir, vou demonstrar como a "frieza" citada vai muito além disso.

Ser CFO significa ter um título bacana, um nome reconhecido no mercado e contato com pessoas tão influentes quanto quem ocupa esse posto. Se o trabalho for bem-feito, os maiores banqueiros, assessores financeiros e investidores vão querer você bem perto. Afinal de contas, é possível que o dinheiro deles esteja investido no trabalho que você faz e, consequentemente, seja influenciado, para o bem ou para o mal, por suas ideias e atitudes. Além disso, eles sabem que, no contexto financeiro mundial, é você, o CFO, que estará preocupado em executar os planos necessários para maximizar os interesses da empresa ao mesmo tempo que entrega valor para quem investiu nela — lembre-se do primeiro capítulo, no qual falamos de *shareholder value*.

Esse é o lado mais glamoroso do trabalho. A pessoa que ocupar o cargo de CFO, porém vai precisar, muitas vezes, tomar as decisões mais duras da companhia ou, pelo menos, será a responsável por provocar as discussões que eventualmente levem a medidas rigorosas. Apesar de *layoffs* serem a mais óbvia delas, provavelmente não são a mais drástica. Caberá ao CFO aconselhar o encerramento de atividades em algum país, a venda da empresa ou até o fechamento total de um empreendimento. Um CEO ou um fundador podem fugir dessas possibilidades por apego emocional ao negócio, por exemplo. Para que ninguém morra abraçado a uma empresa que não tem mais caminhos a seguir, poderá recair sobre o CFO a tarefa de conjecturar sobre esses cenários.

O processo de tomada de decisão, independentemente do nível de dificuldade, vai além de olhar para números em balancetes. Por esse motivo, ao entrar nessa temática, para mim é impossível não mencionar o livro *Decisive: how to make better choices in life and work* (Decisivo: como fazer escolhas melhores na vida e no trabalho — em tradução livre, publicado pela editora Crown Business, 2013). Nessa obra, Chip e Dan Heath nos mostram como o ato de decidir, desde a escolha de carreira até definições sobre negócios, costuma ser falho. Um estudo curioso, de Dan Lovallo, professor da Universidade de Sydney, e Olivier Sibony, professor da HEC Paris (uma escola de negócios em Paris) que esteve por mais de duas décadas na McKinsey & Company, é citado no livro em questão. Esses dois pesquisadores analisaram mais de mil escolhas de negócios na tentativa de entender o que é mais importante: uma análise rigorosa ou o modelo de processo para tomada de decisão usado. O foco não foi qualquer deliberação; entraram no estudo somente as grandes decisões, como lançamento de produtos e entrada em novos mercados. Além disso, a análise observou um intervalo de cinco anos, o que possibilitou acompanhar os impactos das decisões, em termos de receitas, lucro e participação de mercado. Os pesquisadores selecionaram dezessete práticas, das quais oito eram relacionadas aos detalhes da análise, e pediram para os *managers* apontarem como fizeram suas escolhas. Decisões tão importantes como as citadas há pouco eram amparadas em números, modelos financeiros e análises rigorosas — como era de se esperar.

Porém, os autores da pesquisa estavam interessados em ir além dos balancetes. Dentre as práticas citadas, as nove restantes analisavam, através de questões como "Houve exploração e discussão explícitas das incertezas do negócio?", "Houve discussão de pontos de vista que contradiziam os do líder?", o processo usado para a escolha.

O que Lovallo e Sibony encontraram é que o processo fez mais diferença — seis vezes mais — do que a análise supostamente fria e detalhada dos números envolvidos no negócio.

Um achado como esse pode levar à conclusão de que a análise detalhada não faz diferença, o que estaria totalmente errado. "Quase nenhuma decisão em nossa amostra, tomada por meio de um processo muito robusto, foi apoiada por uma análise muito fraca. Por quê? Porque uma das coisas que um processo de tomada de decisão imparcial fará é eliminar uma análise deficiente. O inverso não é verdadeiro; uma análise excelente é inútil, a menos que o processo de decisão lhe dê uma consideração justa", escreveram os Lovallo e Sibony em seu estudo.

Saber que o processo de decisão importa tanto quanto análises detalhadas não mostra o caminho para uma melhor forma de decidir. Com alguns cuidados em mente, todavia, o processo fica mais fácil. Dessa forma, Chip e Dan Heath elencaram os principais vilões no processo de tomada de decisão:

1. A visão estreita faz as pessoas não apreciarem opções.

2. Mesmo que analise opções, o viés de confirmação leva você a olhar para opções que lhe satisfazem.

3. Emoções levarão você a tomar a decisão errada (eu diria que esse talvez seja o maior vilão de todos).

4. É frequente que estejamos excessivamente confiantes em relação a o que o futuro reserva.

A reflexão sobre esses vilões nos leva a uma importante lição: **Só conseguimos realmente tomar uma boa decisão quando estamos longe, olhando de fora.** A maturidade emocional para se posicionar, desafiar, questionar, decidir e, principalmente, não sofrer é talvez uma das maiores habilidades — a tal *soft skill* — que diferenciam CFOs de sucesso (capazes de transformar o destino de uma empresa) de bons gestores financeiros.

E o que diferencia gestores financeiros e CFOs? A diferença pode ser resumida em: gestores financeiros tratam dos números, enquanto CFOs lidam com o que está por trás e pela frente nas empresas, com causas e possibilidades. Enquanto o gestor está preocupado em manter as contas em dia, lidando com prazos de pagamento e valores de queda ou subida em vendas, o CFO está tratando dos porquês e traçando estratégias. Espero não ser mal interpretado aqui, pois não digo isso para diminuir a importância do gestor financeiro — inclusive, tenha em mente que, **na trajetória para ser um CFO, é necessário ser um bom gestor**. Além disso, o título não deve ser levado tão a sério e impedir que você, ainda gestor financeiro, porte-se como um CFO e leve para o CFO titulado uma narrativa e conclusões baseadas em dados — mas isso é assunto para um capítulo futuro. Voltemos a como tomar melhores decisões.

Para combater os inimigos de um processo de decisão positivo, Chip e Dan Heath conceitualizaram o chamado método WRAP.

- ***W**iden your options* (Aumente o leque de opções)
- ***R**eality-test your assumptions* (Saia da própria cabeça para buscar dados não influenciados pelo seu modo de ver as coisas)
- ***A**ttain distance before deciding* (Distancie-se antes de tomar uma decisão)
- ***P**repare to be wrong* (Aceite que você pode estar errado)

Explico agora o motivo de ter dado destaque à questão do distanciamento. Trata-se de uma experiência pessoal — o que, em um processo de decisão, possivelmente pode ser problemático, por ir contra o "sair da própria cabeça". Contudo, neste livro, a experiência pessoal conta.

Certa vez, em uma das empresas pelas quais passei, estávamos discutindo uma relevante reestruturação de equipe. O time havia crescido rápido demais para acompanhar uma demanda de mercado pelo nosso produto, mas, infelizmente, isso não se converteu em receita.

Como CFO, era minha função avisar: a falta de decisão naquele momento — ou seja, manter as coisas como estavam — levaria a problemas sérios dentro de um ano e meio.

Naquele momento, meu foco eram números e, é claro, nem tudo se resume a isso. Uma decisão — mesmo a de cortar na própria carne, como era o caso — provavelmente não vai surtir todo o efeito planejado, pois nenhuma execução é perfeita. Em alguns casos, os efeitos podem ser até contrários.

Imagine que você decida desligar do seu time os 20% considerados menos eficientes. Os 30% mais eficientes podem se sentir desmotivados com um time menor e um escopo menor, e passar a render menos ou até mesmo decidir sair.

Em outro cenário possível, você encerra um produto A que está indo mal e isso gera desconfiança nos clientes, que acabam abandonando um produto B não relacionado.

Apesar desse cenário de incerteza, alguém precisa ser corajoso o suficiente para dizer o que precisa ser feito ou será feito, e assumir essa responsabilidade.

É óbvio que nem todas as decisões recairão sobre o CFO. O time de executivos também está ali para as decisões difíceis do dia a dia. Porém, é do CFO que se espera maturidade suficiente para deliberações complexas.

É preciso ter cuidado para não pensar que o trabalho do CFO é ser o mensageiro do apocalipse, aquele que só fala em cortes e mostra o que está errado. Os profissionais nesse cargo precisam ser os melhores parceiros de negócios da empresa.

Além do olhar aguçado para problemas e riscos, é preciso ser responsável pelo crescimento. A responsabilidade do CFO não deve ser apontar o dedo para um colega de empresa que está errando ou para uma área X que está ineficiente. Espera-se do CFO uma visão propositiva para que a empresa não só resolva algum problema, mas encontre e crie novos caminhos e estruturas ainda mais produtivos. Talvez aí esteja o equilíbrio entre ser odiado e amado.

Como tomar decisões como CFO

A tomada de decisões não pode contemplar somente números — como o próprio título deste livro diz. O aspecto humano também precisa ser levado em conta. Por esse motivo, emprego três outros elementos além do método WRAP no meu processo de deliberação.

Sustente seus argumentos com dados

Como vimos neste capítulo, um processo de decisão robusto passa por análises detalhadas, indo ao detalhe do detalhe, combinando essa prática com métricas (métricas únicas e isoladas estão sujeitas a viés). Esses são aspectos esperados na cadeira de CFO.

No exemplo que dei há pouco, eu me debrucei sobre dados e análises para chegar à conclusão de que uma grande reestruturação de equipe era necessária. Determinações em uma empresa, principalmente quando estamos falando da vida (inclusive financeira) das pessoas, não podem ser somente ideias, sem respaldo na realidade, saindo da cabeça de algum *C-level*.

Saiba ceder

Você não é o dono da razão, mesmo que seu trabalho seja ser crítico e questionar com base em dados. As pessoas não necessariamente precisam fazer o que você quer que elas façam. Saiba aceitar que há razões intangíveis que sustentam certas decisões. Aceitar "perder" discussões perante argumentos razoáveis solidifica você como um real parceiro do negócio, e não somente como um impositor de decisões.

Por mais que pareça algo banal, manter isso em mente pode ajudar na sua trajetória, algo que digo, mais uma vez, por experiência própria.

Há alguns anos, fui CFO do Laureate Education, Inc., um grupo de educação de ensino superior no estado do Rio Grande do Sul. O caso que estou prestes a contar demanda um preâmbulo sobre o funcionamento de dívidas estudantis.

A lei brasileira determina que, caso uma pessoa que fez matrícula em uma instituição de ensino fique inadimplente, a provedora do serviço não pode impedir que ela continue frequentando aulas e participando de todas as atividades — o aluno, porém, não conseguirá renovar a matrícula em uma situação de inadimplência. É comum, como vi de perto, que alunos devedores, ao fim de um semestre, renegociem a dívida para conseguir manter o vínculo com a faculdade.

Na Laureate, o nível de inadimplência ao fim do semestre chegava perto de 70%. Identifiquei no negócio uma das bases desse problema: o aluno mau pagador percebeu que, esperando até o final do semestre, a faculdade, em busca de manter e ampliar a base de alunos, dava grandes descontos para os devedores. A tática, portanto, era não pagar, conseguir desconto sobre a dívida do semestre anterior (às vezes até com parcelamento) e fazer uma nova dívida no semestre seguinte, voltando ao início do ciclo.

Como CFO, minha indicação de ação para a Laureate, que talvez também fosse a sua ao se deparar com aquela situação, foi: não precisamos desse tipo de aluno e não o queremos mais;

portanto, não deve haver grandes descontos em dívidas para a rematrícula.

A reação do restante da direção da Laureate não foi exatamente o que eu esperava. **Acharam que eu estava louco e levaria o negócio à falência.**

Após conseguirmos alinhamento interno, chegamos a um meio-termo. Manteríamos algum desconto no semestre seguinte e a retirada dessa opção seria gradual. O resultado imediato da redução da política de abatimento de dívidas mostrou que meu raciocínio estava certo: as taxas de rematrícula não tiveram alteração e ainda houve melhora de receita.

A verdade que prevaleceu foi: quem queria estudar, queria estudar.

Construa um discurso empático

Podemos tomar as decisões mais complexas e importantes da empresa, e podemos ter as melhores razões do mundo, porém não é por isso que você precisa executá-las custe o que custar. É importante sempre olhar em volta e entender que, no final, tudo envolve pessoas. Coloque-se sempre na pele dos outros, entendendo as motivações e aflições de cada pessoa. Todo mundo da empresa está fazendo o melhor que pode, ainda que isso, em alguns casos, não esteja sendo suficiente para cumprir os objetivos.

Esse caso dos descontos em rematrículas de devedores é o exemplo perfeito disso. Como CFO, responsável máximo pela saúde financeira do grupo, eu poderia ter sido duro, batido o pé e tentado, de todos os jeitos, levar adiante a prática de um corte total nos descontos para rematrícula. Isso me levaria a ter mais sucesso na ação? Parece-me improvável. Precisei me adaptar à realidade daquele momento da empresa, que sentia que devia manter a mesma política de descontos por, pelo menos, mais algum tempo. Porém, no fim, o meu comportamento somado aos números resultantes da minha estratégia demonstraram o valor da decisão oferecida.

Apesar do olhar empático, lembre-se do cuidado com as emoções e do distanciamento necessário para tomar, da melhor forma possível, as decisões que devem ser tomadas.

Olhe para os problemas que as pessoas não estão olhando

Devemos olhar para todos os lados e tentar antever os problemas que estão à frente. Infelizmente, eu mesmo já falhei nessa lição — de novo, à frente do grupo de educação que citei anteriormente —, mas tive sorte de ninguém acabar ferido.

Havia, dentro da Laureate, uma expectativa grande para a expansão da faculdade a partir da construção de um novo prédio, no qual haveria salas de aula e laboratórios. Todos, eu incluso, acreditavam muito no projeto. Mas uma demora em processos internos de aprovação atrasou o cronograma de obras, o que faria com que o edifício não ficasse pronto a tempo para o novo período letivo. Objetivando não perder essa janela, decidiu-se que as salas ficariam prontas primeiro, os alunos começariam a usá-las e, ao mesmo tempo, dar-se-ia continuidade à reforma e à instalação dos laboratórios. Tudo correria bem, não fosse um incêndio no recém-inaugurado prédio. Por sorte, o fogo começou em um momento no qual não havia alunos ou funcionários no recinto, o que evitou qualquer risco à integridade física das pessoas. A situação, porém, fez com que o prédio ficasse mais sete meses fechado.

Talvez devesse ter sido o meu papel, como "gestor do caos" — às vezes temos que ser, não há escapatória —, apontar que não era uma ideia sensata terminar uma reforma ao mesmo tempo que alunos tinham aula no local. Se naquela época eu tivesse lido o que estou escrevendo agora, certamente teria tomado outra decisão.

Referências

LOVALLO, Dan; SIBONY, Olivier. **The case for behavioral strategy.** Disponível em: https://www.mckinsey.com/capabilities/strategy-and-corporate-finance/our-insights/the-case-for-behavioral-strategy.

HEATH, Chip; HEATH, Dan. **Decisive: how to make better choices in life and work.** Crown Currency, 2013.

Capítulo 4: Trate TODOS exatamente da mesma forma

Se quiser ir rápido, vá sozinho. Se quiser ir longe, vá acompanhado. Já ouviu essa máxima? O sucesso não se constrói isoladamente. Esqueça hierarquias e organogramas — o que realmente importa é ter as pessoas certas ao seu lado.

Imagine-se tratando o CEO da empresa em que você trabalha como se ele fosse seu colega de faculdade. É o que eu faço. Se a ideia parece desrespeitosa e antiprofissional, asseguro que não é. Tal comportamento significa somente que eu falo com ele com leveza e certa informalidade, mas sempre com muito profissionalismo e sem puxa-saquismo.

Antes de aprofundarmos a questão do trato com CEOs, acho relevante contar um caso pessoal, que trouxe uma lição útil para todos que pretendem galgar cargos maiores na carreira.

Sempre que penso em questões de relacionamento dentro de empresas, lembro-me do meu tempo na Alcon e do que ouvi do então diretor de RH na época, Marcio Kumada: "Prazer, eu sou o Marcio Kumada. Eu **estou** diretor de RH, mas sempre serei o Marcio Kumada".

De forma sutil, o Marcio tirou todo o peso hierárquico que a posição ocupada por ele poderia transmitir. Com a troca de um único verbo (o costume é ouvirmos "**sou** gerente", "**sou** CFO"), ele quebrou a expectativa de quem ouvia e mostrou não ser diferente ou estar acima de ninguém naquela empresa.

A tática do Marcio era se desvincular do cargo e do título que ele ocupava. A importância disso é estrutural. Pessoas se conectam com pessoas, não com cargos dentro de uma empresa. No seu dia a dia como CFO ou no seu caminho até lá, você terá que influenciar — ou pelo menos tentar — pessoas, e não os cargos que elas ocupam.

De forma semelhante, quando, do ponto de vista organizacional da empresa, os colaboradores em cargos mais baixos enxergam a pessoa que você é, e não o cargo que você ocupa, até mesmo possíveis decisões difíceis que você tenha que tomar podem ser vistas com olhos mais empáticos.

O texto que você leu até aqui não serve para se autoparabenizar por tratar pessoas como pessoas. Tratar bem o próximo é o mínimo e é obrigatório em qualquer relação. Por mais alto que o seu cargo seja, não se esqueça que você depende das pessoas nas diversas outras posições do organograma da empresa. É através de seus colegas de trabalho, sejam eles subordinados ou não, que será possível se manter a par do que estiver acontecendo na empresa — no Capítulo 1 vimos como ser um ponto de contato pode ser importante para o CFO. Na minha trajetória profissional, percebi algo curioso: gerar proximidade faz as pessoas confiarem em você e, espontaneamente, contarem os acontecimentos.

Porém, como tratar as pessoas que estão em níveis hierárquicos acima do seu? Simples: assim como você trata o colega, de mesma posição e salário semelhante, que encontra no bebedouro. Pessoas em cargos maiores, inclusive o CEO, são somente pessoas.

Assim como você não vai tratar mal quem está em cargos mais baixos na hierarquia empresarial, também não deve tratar melhor aqueles que estão em posições mais altas — o que é costumeiramente chamado de ser um "puxa-saco". É difícil generalizar, mas me arrisco a dizer que, em geral, quem ocupa cargos maiores não gosta de ser bajulado. Acredite, é fácil perceber quem está se aproximando só por causa do seu título — e a sensação é desagradável. Então, você deve **tratar as pessoas de nível hierárquico superior exatamente como você trata quem está nos níveis abaixo do seu.**

Mas existem aquelas pessoas que amam ser colocadas em um pedestal e tratadas como se fossem parte da realeza. Falando novamente por experiência própria, posso afirmar que esse grupo é minoritário — e aposto que você não ficaria inspirado ao trabalhar com esse pessoal. Se tal perfil o empolga e você aspira ser assim, recomendaria fechar este livro e não investir mais tempo no que escrevo. Esta obra e minhas dicas não são para você.

Meu objetivo é mostrar que tudo que mencionei acima não se refere somente a um conjunto de regras básicas de humanidade e boa vizinhança. É, na verdade, uma relação de fatores importantes para a construção profissional e para o crescimento na carreira. Mesmo que você seja o profissional mais brilhante, dedicado e que entrega resultados, os fatores decisivos para o seu sucesso serão a relação que você tem com as pessoas, a forma como elas o enxergam e como você consegue tirar mais dos seus colegas, fazendo-os entregar mais. **Somente executar, sem olhar para os que estão à sua volta, não é fator único de sucesso faz bastante tempo.**

A solidão do comando

Ocorre um fenômeno curioso ao chegarmos a posições *C-level*: a solidão. Não é um exagero afirmar que, **quanto mais a gente cresce na carreira, mais solitários ficamos.**

Não se trata, porém, de um isolamento proposital. O que ocorre é um afastamento quase natural, pois, cada vez mais, os assuntos com os quais lidamos e as decisões que precisamos tomar são restritos e podem exigir algum grau de confidencialidade.

A própria estrutura física e a cultura organizacional das empresas acabam por empurrar quem cresce na carreira para o isolamento. Se antes o profissional se sentava em um mesmo espaço que seus colegas, com proximidade, uma promoção deve levá-lo para uma mesa maior, possivelmente mais longe de todos os olhares. Mais algumas promoções e a pessoa estará em uma sala própria, sozinha.

A Laureate Education, Inc., grupo de educação de ensino superior no Rio Grande do Sul mencionado no capítulo anterior, era um ambiente altamente conservador quando comparado ao de empresas de tecnologia. No primeiro dia em que pisei na empresa, levaram-me para a minha sala. E não era qualquer sala. Ela tinha cerca de 15 m², com uma mesa de reunião de quatro lugares, além de uma mesa de trabalho de quase quatro metros, em que cabiam quatro pessoas sentadas diante de mim. Era, sem dúvida alguma, um símbolo de status naquela instituição.

O problema dessa arranjo é claro: quebra-se a ideia de tratar todos igualmente. Além disso, isola-se ainda mais um posto no qual já se é solitário — afinal, sendo um CFO, não se tem pares dentro da empresa.

Pesquisas mostram quão delicada uma posição *C-level* pode ser. Nos primeiros anos da década passada, a CEO Snapshot Survey apontava que cerca de metade dos CEOs entrevistados afirmavam se sentir sozinhos — uma sensação que acabava por trazer impactos em seu desempenho.

Quanto mais profissionais estiverem abaixo do seu posto, menos informações você receberá sobre fatos que ocorrem na empresa, e suas chances de desabafar sobre problemas da companhia serão mínimas.

Mas nem tudo está perdido. Parte desse isolamento pode ser desconstruído pelos próprios *C-level*. Como CFO da Laureate, por exemplo, convenci o time de operações a desmontar a sala solitária destinada a mim e me alocar com meu time em um local amplo, barulhento, cheio de calor humano, com algumas fofocas e muita risada. Ficar sem isso é uma receita para enlouquecer dentro de uma empresa.

A transparência é outra tática contra a solidão em posições hierarquicamente mais altas. Deve-se buscar dividir o máximo possível de informações com o seu time — falarei mais sobre o assunto quando discutirmos a questão de delegar. É claro que nem tudo que passa pelas mãos de um *C-level* pode ser repassado para a equipe abaixo dele. Alguns projetos demandam silêncio, pois simplesmente não podem ser tornados públicos, mesmo dentro da empresa. Aconteceu comigo. Pouco antes do IPO do PagBank, tive que me isolar do meu time para analisar dados e fazer projeções para a abertura de capital. Por questões estratégicas de mercado, minha equipe não poderia saber o que estava acontecendo e eu não podia dividir nada do processo no qual estava envolvido.

Saiba, porém, que, independentemente do esforço empregado para criar conexões com seu time, algum grau de solidão permanecerá existindo. Chefes podem não se dar conta, mas as equipes ainda vão sempre os enxergar como chefes. Já estive exatamente nessa situação de cegueira hierárquica. Em uma ocasião, um companheiro de trabalho me avisou que os colaboradores estavam com medo de mim, por eu estar cobrando entregas. "Medo? Do quê?", pensava eu, considerando que eram colegas com quem eu saía para *happy hour* e de quem ouvia desabafos sobre a empresa. Mas é óbvio que a liberdade para desabafar com colaboradores hierarquicamente semelhantes é uma; com um gestor na mesa, a conversa muda. Eu era o chefe e as pessoas têm medo de seus gestores.

Apesar de difícil, busquemos deixar o *happy hour* imune às amarras do dia a dia do escritório. Do *C-level* ao estagiário, que reinem os assuntos aleatórios, os comentários sobre a rodada do campeonato brasileiro de futebol e as dicas de séries nos serviços de *streaming*.

E seja no *happy hour* ou dentro da empresa, trate todos, acima e abaixo, igualmente. A partir desse comportamento humanitário serão criadas conexões, sejam profissionais ou pessoais, sinceras e longínquas.

Mestre, traz uma saideira!

Referências

SAPORITO, Thomas J. **It's Time to Acknowledge CEO Loneliness**. Disponível em: https://hbr.org/2012/02/its-time-to-acknowledge-ceo-lo.

Capítulo 5: Decisões difíceis e ambiente caótico

Seu dia foi realmente ruim ou foram apenas cinco minutos que o estragaram? Nem tudo sairá como planejado, e está tudo bem. Saiba filtrar as emoções — há coisas muito mais importantes na sua vida do que um projeto que não foi aprovado.

O caos é um processo natural e devemos abraçá-lo como tal.

Acalme-se. Minha intenção não é normalizar falta de processos, de profissionalismo e desorganização constante. O caos mencionado aqui se refere a rápidas mudanças de direção dentro de uma empresa. Trata-se, portanto, de um processo de caos construtivo interno.

Ao se tornar parte de — ou ao fundar — uma empresa, esteja ela no tamanho ou no estágio em que estiver, deve-se sempre ter em mente a cultura do *fail fast*. Trata-se de um conceito que, resumidamente, prega que se deve dar início a ideias, aprender com elas, ver o desempenho resultante e, se necessário, mudar rapidamente. Não se deve, portanto, entender o *fail fast* como "algo feito para dar errado". O ideário do *fail fast* se conecta com a cultura de abraçar riscos e inovar — um processo no qual, obviamente, pode haver falhas e fracassos. Sem arriscar, não é possível inovar, e se torna mais difícil competir com outros players do mercado e crescer.

Um dos melhores exemplos do fracasso — e, potencialmente, caos — levando ao sucesso vem da Apple. Antes do sucesso estrondoso dos computadores pessoais Macintosh, a hoje gigante da tecnologia lançou um produto chamado "Lisa". Em 1983, a Apple apresentou Lisa, que, sob certos aspectos, lançava ao mundo as bases do que hoje conhecemos como computadores e de como os usamos. Os PCs comuns no período eram usados a partir de linhas de comando. Em Lisa, ao contrário, a interação ocorria através de um mouse, tal qual continuamos a fazer — uma menção de destaque é necessária: antes mesmo de Lisa, a empresa Xerox tinha lançado um computador que também usava o mouse para interação. O elevado preço de Lisa, porém, condenou a predecessora dos Macintosh (com os quais chegou a coexistir).

Portanto, o fracasso e o caos associado a ele, quando detectados, analisados, compreendidos e tratados, podem levar a sucessos gigantescos. Da mesma forma, quando a falha e o caos estão ocorrendo e há persistência no caminho tomado, ignorando-se os sinais ao redor, o fracasso pode ser definitivo e final.

Presenciei o segundo cenário durante o período em que estive no Walmart. A grande missão do grupo Walmart é a expressão "Save Money, Live Better" (traduzindo, "Economize e viva melhor"). Esse propósito é representado em um modelo operacional chamado pelo Walmart de "Everyday low price" (algo como "Todo dia, preço baixo"). Foi a partir desse lema que o grupo se tornou o gigante que é mundo afora, especialmente nos Estados Unidos. A operação ligada ao lema é, porém, um pouco distinta do que a expressão faz parecer. Os preços, nesse modelo de operação, não sofrem alteração por quinze dias. E a ideia é que, apesar de alguns itens no Walmart eventualmente serem mais caros do que em outros lugares, na média uma cesta básica sai mais barata. Por exemplo: mesmo que o arroz não esteja mais barato no Walmart, o preço de outros produtos da cesta, como o feijão, a batata ou o leite, será menor, o que trará a média de valor para baixo, em qualquer dia que você fizer suas compras. Foi com essa ideia que o Walmart entrou no Brasil, em 1995.

A história recente do Brasil é marcada por alguns fatos que moldaram a forma como pensamos — ou, ao menos, como gerações passadas pensavam — sobre dinheiro. Hiperinflação, mudanças de preços constantes em mercados, congelamento de poupanças e diversas trocas de moeda estiveram presentes em décadas não muito distantes no país. Esse contexto econômico interno resulta em uma parte considerável dos brasileiros não vendo problema algum em ir na segunda-feira ao sacolão, na terça ao açougue e na quarta ao supermercado. Se o brasileiro puder ir todo dia ao mercado para conseguir os melhores preços, ele vai. O brasileiro é um grande adepto à promoção.

O resultado disso, segundo a minha visão empresarial, é o não funcionamento da filosofia de "Everyday low price" do Walmart. Durante o tempo em que estive nessa empresa, tentamos apresentar esse ponto de vista à matriz americana, em busca de aplicação de mudanças para o mercado brasileiro. O lema e a missão, porém, estavam tão enraizados na companhia, e tinham dado tão certo em outros lugares, que a tentativa de convencimento foi em vão. Quando entrei no Walmart, em 2012, pode-se dizer que o negócio já dava sinais de estar indo mal. Nesse momento, ocorriam reajustes na operação, encerramento de lojas e revisitação de estruturas e sistemas. Em 2018, 23 anos após seu início em solo brasileiro, o Walmart Brasil é vendido para Advent International, um grande fundo de *private equity*.

Se mudanças eram necessárias e havia uma dose de caos interno em uma empresa do porte e da estabilidade do Walmart, por que se esperaria algo diferente de companhias menores ou *startups*, nas quais é mais simples, em teoria, levando em conta o tamanho das operações, tomar decisões que mudam os rumos do *business*?

O mundo não tem mais tempo para que erros persistam por inúmeros anos. Uma convicção fixa e não amparada em dados e na realidade não levará empresas a lugar algum. Mudanças constantes que, em um primeiro momento, podem soar como um ambiente caótico e sem estabilidade podem, na realidade, significar lideranças que têm a capacidade de analisar e tomar decisões rápidas.

Se "caos" significar a posse de informação rápida e de qualidade, que permite alterar drasticamente rotas apontando para destinos de maior sucesso, **então, como CFO, faço questão de ser o mensageiro do caos e abraçá-lo, para aprender com ele.**

O caos externo

A história de uma empresa não é construída somente de dentro para fora. Obviamente, o contexto e o caos externos também são partes importantes dessa construção.

Seja uma empresa familiar, composta somente por parentes de sangue, ou uma multinacional com milhares de funcionários, **o caos estará presente**. A escala da presença vai variar segundo o nível de organização — de novo, caos não significa necessariamente bagunça — e a capacidade de mudança de rumo da companhia, mas ele fará parte da realidade diária.

Meu objeto, nesta parte do capítulo, são os elementos externos provocadores do caos, os quais, em diversas situações, não estão sob nosso controle. Por quase dois anos, fui um dos líderes do setor financeiro da Braskem no Brasil, uma das gigantes da petroquímica. Trata-se de um ramo intimamente atrelado ao preço de *commodities* e ao câmbio do dólar. Não deve causar surpresa a informação de que, em inúmeros momentos, eu observava um mundo externo caótico, com o dólar em disparada e economias de diversos países com sérios problemas. Ao direcionar minha atenção para dentro da companhia, porém, a situação financeira estava ótima e éramos uma empresa maravilhosa. A explicação para tamanha divergência era, obviamente, o câmbio alto do dólar, que elevava nossos preços de venda.

Nesse exemplo, o caos externo parece jogar a favor — afinal, está valorizando o produto central da empresa. Mas não se engane. Esse tipo de situação não deve fazer você se tranquilizar. Obviamente, **faz-se necessário aprender a ler o caos para usá-lo a seu favor — e não só em casos como o citado**. Contudo, precisa-se ter em mente qual é o ponto de separação entre o valor, de fato, do(s) produto(s) da empresa e a interferência externa. Será que, por exemplo, sem o efeito do dólar, o caso de sucesso citado no parágrafo anterior se manteria? Essa linha de raciocínio é fundamental para guiar uma "limpeza" nos dados de venda e, eventualmente, conseguir uma imagem real da performance do negócio.

A lição que fica é que, mesmo que exista o caos — e ele vai existir —, não devemos deixar que ele nos cegue. Devemos nos posicionar em um ponto de observação fora da situação caótica, para conseguir enxergar claramente o contexto e, dessa forma, tomar decisões estratégicas de forma fria e adequada. Para isso, é importantíssimo permanecer fiel aos fundamentos da companhia — sempre com o cuidado de ler o entorno; lembre-se do exemplo do Walmart. Do que a empresa é feita? O que ela faz? Por que ela faz o que faz do jeito que faz?

Os próprios fundamentos também não são facilmente construídos ou identificáveis. É algo que, de tão complexo, pode se assemelhar a caos interno na empresa — quando, na realidade, é somente o processo de crescimento da companhia. Aqui, novamente, a família é um bom modelo de comparação. Para pais de primeira viagem, os primeiros dois ou três anos da criança são uma grande bagunça. Quando essa criança crescer, porém, e estiver com vinte anos, estudando e trabalhando, e praticamente não parando em casa — ou morando fora —, esses pais sentirão que falta algo e que a casa está vazia. Lá atrás, em meio às fraldas sujas, não era caos; era uma evolução no amadurecimento daquela família.

Fica claro, a esta altura, que o caos pode ser um dos bons temperos que você terá em mãos na sua jornada. É ele — ou a sensação de que ele existe e está presente — que permitirá, e várias vezes forçará, visões criativas e a análise dos processos da empresa em que você está.

Porém, não podemos romantizar o "caos verdadeiro" quando ele aparece. Uma empresa em amadurecimento pode parecer caótica e não o ser. Mas também há as companhias que são caóticas no sentido de desorganização, por exemplo, e, com isso, prejudicam a si mesmas e a seus colaboradores. Às vezes, o caos também é interno e pessoal — como em momentos particulares de dificuldade. Para todos os casos de caos é essencial buscar não se deixar arrastar e impor limites.

Decisões difíceis

Vamos permanecer mais um pouco nas comparações entre empresas e vida familiar/pessoal. Imagine-se uma pessoa casada e com filhos — ou, caso essa seja a realidade, olhe para a sua família. O que seria mais difícil: dizer para eles que sua empresa abriu processo de falência pois você preferiu não tomar uma decisão difícil, como reestruturar uma área e fazer *layoffs*, ou tomar a decisão que precisa ser tomada e garantir a estabilidade da empresa e de sua vida financeira familiar?

Explicada dessa forma, a resposta se torna óbvia. Há quem vá apontar, porém, que é egoísmo pensar assim e se esquecer das diversas famílias impactadas por um CFO que opta por *layoffs*, por exemplo.

Não é e não deve ser uma questão de egoísmo. A posição de CFO exige decisões nem sempre populares dia após dia — como você viu no Capítulo 3. Acostumar-se com essa realidade, portanto, é uma necessidade. Se as decisões impopulares forem emocionalmente insustentáveis para você, **talvez seja necessário refletir, questionando se essa carreira é adequada para o seu perfil.**

Isso não significa ignorar os sentimentos que podem estar envolvidos nas decisões tomadas. É como já mencionei: apesar do cargo de CFO exigir algum grau de frieza, trata-se ainda de um trabalho de humanos para humanos. Por isso, em casos de deliberações extremamente custosas emocionalmente, uma dica possível é buscar paralelos. Será que a situação e a decisão que você tem em mãos são tão difíceis quando comparadas ao que você já passou durante a vida? Um carro de Fórmula 1 é rápido? Comparado a um carro de passeio, sim, mas, perto de um avião, não.

Agora que já nos debruçamos extensamente sobre temas como tomada de decisões, ser amado e odiado, e efeitos do caos sobre empresas, podemos mergulhar mais profundamente em algo que toca todos esses pontos e que rondou, sobretudo, os últimos parágrafos deste capítulo: questões pessoais e imposição de limites.

Referências

MCGRATH, Rita. Failing by Design. **Harvard Business Review**, abr. 2011. Disponível em: https://hbr.org/2011/04/failing-by-design.

HSU, Hansen. The Lisa: Apple's Most Influential Failure. **Computer History Museum**, 19 jan. 2023. Disponível em: https://computerhistory.org/blog/the-lisa-apples-most-influential-failure/.

FILGUEIRAS, Maria Luíza; MELO, Alexandre; RYNGELBLUM, Ivan. Walmart vende operação no Brasil para empresa de private equity Advent. **Valor Econômico**, 4 jun. 2018. Disponível em: https://valor.globo.com/empresas/noticia/2018/06/04/walmart-vende-operacao-no-brasil-para-empresa-de-private-equity-advent.ghtml.

Capítulo 6: Imponha limites

Você só pode ajudar os outros quando está bem. Definir limites é essencial para ter tempo de planejar, refletir e agir com clareza e estratégia.

O final de semana seria de descanso. Os dias na praia, com minha esposa e minha filha, longe da cidade e do trabalho, estavam reservados. Mas a viagem não aconteceu. Por algum motivo, eu, literalmente, não conseguia me mover. Pegar o carro para começar a descida para o litoral não era uma opção. Sem conseguir fazer nada, travado, me vi em uma crise de pânico.

A paralisia daquele momento foi precedida por meses com níveis intensos de trabalho direcionado ao IPO do PagBank.

Foi ali que percebi a importância dos limites. Para isso, porém, foi necessário o adoecimento, um grito de "pare!" em alto e bom som dado pela minha mente.

A elevada exigência não é uma novidade para quem trabalha com finanças. Não conheço um profissional com cargo de liderança nesse setor que não passe apuros em dias de faturamento, durante auditorias e *due diligence*.[1] É óbvio que passar do limite do saudável não é uma exclusividade de um *C-level* financeiro. Quem nunca esteve em um trabalho que exigia mais do que o razoável, com lideranças demandando entregas para prazos exíguos e sobrecarregando da equipe?

De toda forma, para o CFO, ultrapassar os limites é quase uma rotina. É normal não ter limites. E todos sabemos o resultado disso. Dados do Instituto Nacional do Seguro Social (INSS), do Ministério da Previdência Social, mostram um aumento de 1.000% na última década em afastamentos por burnout. Em 2023, foram afastadas do trabalho por esse motivo 421 pessoas. Pode parecer um número pequeno, mas há outros dados que mostram a importância do assunto. Segundo o Ministério da Previdência Social, em 2023 houve 27 afastamentos por dia de trabalhadores por causa de transtornos mentais e comportamentais relacionados ao trabalho. Ao todo, esses motivos levaram à concessão de 10.028 auxílios doenças no ano citado.

Porém, o aumento de diagnósticos vivido no Brasil não pode ser colocado exclusivamente na conta da grande pressão no trabalho. Com a população tendo acesso a mais informações sobre questões de saúde relacionadas ao trabalho, esperam-se mais diagnósticos. Apesar disso, não há como negar, sobretudo pensando em Brasil, as diversas posições pedindo muito de seus colaboradores, independentemente do cargo que ocupam.

Por esse motivo, não acredite no papo de "trabalhe enquanto eles dormem". Durma enquanto todos dormem e trabalhe enquanto todos trabalham. O excesso de trabalho gera desgaste, que gera queda de velocidade e de concentração, que geram mais erros e fazem as pessoas levarem mais tempo para resolver tarefas fáceis, e mais tempo ainda de retrabalho para arrumar os erros gerados pela carga excessiva de serviço. São horas de esforço gerando mais horas de trabalho, quando o ideal seriam horas trabalhadas efetivas resultando em solução de problemas. Quanto mais se trabalha sem descanso, mais será necessário trabalhar e retrabalhar. É um ciclo sem fim.

O trabalho sem fim se torna um hábito. Se jornadas exaustivas de dezesseis horas de trabalho se tornam um padrão, nos dias em que se trabalha menos — em horas, não em produção —, pode surgir a sensação de falta de empenho e o receio de perder a posição em que se está.

Tudo isso é lógico, além de politicamente correto. Qualquer equipe de PR (*Public Relations*) aprovaria os parágrafos anteriores. Ainda assim, a realidade parece não respeitar essa dinâmica. Figuras de destaque e sucesso no mundo atual são quase o total oposto disso. Elon Musk é um dos maiores exemplos. Em uma entrevista em 2023, o bilionário afirmou que frequentemente dormia em um sofá, dentro de uma biblioteca, na sede do X (anteriormente chamado Twitter e comprado por ele), em São Francisco. Na mesma entrevista, ele diz que deveria evitar fazer postagens no X depois das 3h ou 2h da manhã — horários que apontam possíveis noites maldormidas. Lembre-se de que Musk também está à frente das empresas SpaceX, destinada a veículos espaciais, e da Tesla, companhia voltada a carros elétricos e com automações na forma de dirigir. Anos antes da aquisição do X, Musk havia declarado que estava trabalhando 120 horas por semana, que não tirava mais de uma semana de férias desde 2001 e que havia pessoas que estavam preocupadas com ele.

O costume de Musk de dormir no trabalho não é recente e algo exclusivamente relacionado ao X. "Houve momentos em que eu não saía da fábrica [da Tesla] por três ou quatro dias — dias em que eu não ia para fora", disse Musk em 2018, em entrevista ao jornal americano *The New York Times*. "Isso realmente custou a oportunidade de ver meus filhos. E de ver amigos."

Com responsabilidades grandes perante diferentes empresas de destaque, torna-se impossível que Musk mantenha uma rotina equilibrada em qualquer área de sua vida. Apesar disso — e não necessariamente por causa disso —, a maior parte das empresas de Musk parece prosperar, com a SpaceX liderando uma nova etapa da exploração espacial humana e a Tesla como um dos principais nomes entre veículos elétricos com automações que liberam, pelo menos parcialmente, o motorista de tarefas.

Apesar de me preocupar com equilíbrio e limites, muitas vezes tive meus momentos Musk — o que muitos chamariam, provavelmente com razão, de "workaholic", (expressão que pode ser traduzida como "viciado em trabalhar"). Em 2007, durante uma época turbulenta na Siemens, cheguei ao ponto de entrar para trabalhar em um sábado pela manhã e sair da empresa somente na segunda-feira, às 14h. Foram 53 horas de trabalho ininterrupto! Onde estava a imposição de equilíbrio e os limites que dão título a este capítulo? Embora o assunto seja sério, há um *fun fact* nessa história. Somente aos fins de semana era permitido trabalhar de bermuda, o que era amplamente adotado. O problema é que a regra não considerava que alguém poderia entrar no fim de semana e sair durante a semana. Quando tentamos finalmente ir para a casa, a segurança do local nos bloqueou, por ser proibido circular com aquele tipo de roupa no prédio, por causa do trânsito de clientes.

É lógico que é extremamente desgastante trabalhar por 53 horas. É lógico que não é saudável fazer isso, seja uma ou várias vezes. Mas também é lógico que haverá momentos na vida em que será necessário trabalhar mais do que o costume. No caso da Siemens, era esse o tipo de momento da empresa e eu aceitei que precisaríamos de um nível de comprometimento e de uma dedicação maiores. Permanecer todas essas horas trabalhando, porém, não era um plano; fez-se imprescindível naquela situação e em outras, por causa de entregas agendadas e improrrogáveis. Em muitos momentos, ainda, uma missão recebida era conectada com a atividade de outro colega; ou seja, as atribuições dependiam uma da outra. Era comum, então, ver pessoas dormindo sobre mesas, à espera da parte sob responsabilidade do colega. No episódio das 53 horas, uma companheira de empresa foi tentar imprimir um relatório, mas não retornava com as páginas impressas. Me deparei com ela dormindo em frente ao computador, com a mão sobre o mouse, que apontava para o botão de impressão.

O mercado em que se está obviamente também impacta a sua escala de compreensão de limites. Para médicos é quase certo, em algum momento da carreira, precisar passar pelos plantões ou atendimentos em momentos fora do horário de trabalho habitual. No meu caso, na Siemens, eu sabia que mensalmente enfrentaria uma carga de trabalho como a que citei. Em outras empresas, isso era ainda mais frequente. Era um momento da minha vida em que eu compreendia que a balança pendia mais para o trabalho do que para outras áreas. Dessa forma, naquela circunstância, era algo do qual eu estava consciente e com o que concordava.

Porém resta outra faceta da vida para levar em consideração em períodos de trabalho intenso: a família.

Uma carga de trabalho pesadíssima certamente afetará o seu tempo familiar. Isso não significa que o trabalho vá, necessariamente, prejudicar suas relações. Mas, para evitar desequilíbrios que possam levar a frustrações e problemas familiares, a comunicação é primordial. Os desequilíbrios entre vida pessoal e profissional existem quando a comunicação não é clara, sendo criadas expectativas que não são cumpridas, gerando, por sua vez, insatisfação. "Daí pra frente é só pra trás", como diria o ditado.

Este livro em suas mãos é um bom exemplo de trabalho fora do horário comercial e de comunicação familiar. Para concretizar o objetivo final de ver o livro pronto, precisei trabalhar durante a noite, após o meu expediente normal. Isso significou um pouco menos de tempo com minha esposa e minhas filhas, mas foi algo comunicado e acordado entre nós. Elas me apoiaram em investir inúmeras das minhas noites em escrita. Porém, em busca de equilíbrio, em diversos momentos as páginas ficaram em branco e fui aproveitar o tempo com a família.

Em meio a essas negociações, deve-se entender que equilíbrio não é dividir igualmente, entre as atividades, o tempo e a atenção.

Equilíbrio no trabalho

A busca de equilíbrio no trabalho é diferente — e talvez mais difícil — da busca no campo pessoal. Nesta, em comparação com aquela, a negociação envolve mais pessoas e diferentes posições profissionais. As expectativas e possibilidades precisam estar alinhadas na liderança, na equipe e entre pares — novamente, a comunicação é essencial para ninguém ficar sobrecarregado.

Além disso, para que o equilíbrio profissional seja alcançado, uma hierarquização eficiente se faz necessária. Quando tudo é urgente, nada é importante. Por esse motivo, ao ocupar um cargo de liderança ou quando há poder de delegação (falaremos mais sobre isso daqui a alguns capítulos), questione-se sempre se aquela demanda pretendida para hoje precisa, realmente, ficar pronta hoje. Um e-mail noturno, sem prazo e sem urgência, precisa ser respondido na mesma hora em que chega, durante o jantar com amigos ou família? Uma demanda urgente surgiu e o dia já está lotado; será que é necessário mesmo abraçar o que chegou, da forma como chegou, sem buscar entender a real necessidade do assunto?

Obviamente não se pode deixar tudo para depois e ignorar todos os pedidos que chegam. Porém, a ansiedade em se mostrar disponível, engajado e colaborador a cada momento do dia, independentemente de o horário de trabalho já ter terminado, de ser fim de semana ou feriado, pode ser prejudicial no curto prazo, porque os colegas se acostumarão com o seu modo faz-tudo e esperarão sempre isso.

O leitor mais atento deve estar confuso agora. Se o segundo capítulo deste livro tenta convencer você a ser disponível, por que agora o autor fala que não é certo estar disponível e engajado a todo momento?

Não se trata de uma contradição. A resposta está nas palavras centrais do capítulo que você está lendo agora: "equilíbrio" e "limites" — e, relendo o segundo capítulo, você vai reparar que essas ideias estão presentes. Tudo é uma questão de achar o ponto de equilíbrio.

O mesmo serve para quando se demanda uma tarefa do time. Ao pedir algo para sua equipe neste exato momento e não deixar clara a real necessidade e as expectativas de entrega e prazos, não surpreenderia que os colaboradores parassem o que estivesse em curso para analisar e, possivelmente, começar a fazer o pedido recém-chegado. Se for algo importante, isso será ótimo, pois a situação poderá ser resolvida mais rapidamente. Se não for, o andamento do trabalho terá sido atrapalhado, os processos ficarão atrasados, e a causa disso será a falha de comunicação ao anunciar a demanda. Não espere que a equipe tente captar tudo por conta própria — não por eles não serem competentes para isso, mas porque significa um processo a mais e, consequentemente, mais tempo gasto, que poderia ser economizado, melhorando a gestão interna. Por essa razão, é relevante tentar ser sempre o mais claro possível em pedidos, inclusive com prazos, e garantir que a equipe tenha insumos suficientes para tomar uma boa decisão de priorização.

Autoconhecimento

Achar um ponto de equilíbrio e as bases para os próprios limites passa pelo autoconhecimento. Como gosta que chamem você? Qual roupa você gosta de vestir? Você é uma pessoa mais formal ou informal?

Essas perguntas podem parecer detalhes, mas fazem diferença. Uma pessoa mais informal pode suportar passar algum tempo em um ambiente muito formal, mas dificilmente conseguirá se manter nessa posição por longo período.

Independentemente das respostas para esse tipo de pergunta, todos podem ter seu lugar ao sol no mercado. Mas o trabalho deve trazer uma sensação próxima ao que é sentido em casa. Afinal, você passa um terço do seu tempo dormindo, um terço trabalhando ou se relacionando com as pessoas do trabalho e somente um terço fazendo coisas para você ou sua família.

Lembra-se do pedido para "destruir" a minha sala, quando assumi como CFO da Laureate Education, Inc.? É um exemplo de como o autoconhecimento pode impactar o trabalho. O modo como me visto também ilustra essa questão.

Sempre tive pavor de pensar que, para ser CFO, precisaria usar um terno alinhado, cabelo bem penteado e óculos europeus, além de ter que falar palavras bonitas. Não tenho nada contra quem tem esse perfil, mas esse não sou eu. Sou a pessoa que gosta de trabalhar de tênis, camiseta e calça jeans, sempre que possível. Eu era o único *C-level* de todas as instituições Laureate no Brasil que trabalhava com esse estilo de vestimenta, que usei até mesmo nas entrevistas para a vaga. Por sinal, talvez meu estilo tenha até ajudado. Depois de algum tempo dentro da empresa, o diretor de Recursos Humanos (RH) disse que havia me recomendado porque eu tinha ido de tênis à entrevista — isso, além da minha capacidade técnica. "Você era diferente de todos os demais que tínhamos na empresa e naquele momento precisávamos de mudanças", ele me disse.

E qual seria a vestimenta adequada para uma visita aos bancos de Nova York? A minha opinião é que não existe uma resposta certa para essa questão, porque cada pessoa precisa conhecer a si mesma e saber como se sente bem. Eu sou a pessoa que acredita que tênis, camiseta e jeans é o conjunto adequado para essa situação. Porém, mais uma vez, essa é a minha resposta, não precisa ser a sua. Foi exatamente com esse estilo de roupa que fiz essa viagem de trabalho. De fato, foi algo escandaloso para algumas pessoas que estavam na viagem. Porém, acredito que a marca deixada nos locais visitados foi bastante positiva, dado que até hoje mantenho ótimo acesso aos maiores bancos americanos e brasileiros. Ao que me parece, o modo de me vestir — e de me portar, com uma fala até mesmo mais informal — entregou uma mensagem clara aos executivos dos bancos. E a mensagem passada por mim se transformou em uma conversa entre nós, com eles também passando a me tratar com mais leveza, em comparação às outras interações que presenciei. Se com outros a conversa é mais tradicional e fechada, comigo falam de forma solta, com termos menos técnicos, mas apresentando oportunidades de forma mais simples e prática — o que, no fim, é o mais importante.

Em algum momento cheguei a temer que meu jeito de ser me prejudicasse? Sim. O meu comportamento pode ter me custado oportunidades na vida? Provavelmente sim. Será, porém, que as possíveis oportunidades perdidas me fariam feliz? Tenho quase certeza de que não. A lição que levo é que ser um CFO de tênis sempre vai ser exatamente aquilo de que alguma empresa precisa.

Onde você quer estar

O autoconhecimento profissional e pessoal delimita interesses e modos de ser, nos guiando para caminhos mais específicos. O seu lugar profissional, após conhecer mais sobre si mesmo, não será em uma empresa qualquer. Algum segmento ou indústria se enquadrará mais no seu estilo, e não o oposto, o que afetaria a ideia de equilíbrio da qual tanto falamos neste capítulo.

Conhecer-nos também nos empurra para nossas paixões, elemento essencial para conseguir se destacar, seja na posição de CFO ou em qualquer outra. Poucas sensações são piores do que trabalhar sem estar apaixonado pelo que faz, sem se engajar e sem sentir o ambiente de trabalho correndo nas veias. Não há meias-palavras para isso: é necessário haver tesão no trabalho para que haja energia e, consequentemente, tempo dedicado à curva de desenvolvimento profissional.

Porém, ao menos no mundo corporativo, paixão não significa fidelidade para sempre. Você pode e deve ter muitas paixões, o que acabará possivelmente te levando a empresas de ramos diferentes. O que uma companhia petroquímica exige é diferente daquilo de que uma SaaS (*Software as a Service*) ou uma B2B (*Business to Business*) necessita. Por sua vez, aquilo de que uma SaaS precisa é completamente o oposto do varejo, que também não trabalha nos mesmos termos que o setor farmacêutico.

Ao tomar conhecimento a respeito de onde se quer estar, usualmente também surge a percepção daquilo do qual não queremos fazer parte. A ambição é uma arma poderosíssima para avançar na carreira, mas quando consumida na dose correta; do contrário, se usada para ignorar ou mascarar o autoconhecimento, vira veneno. Já estive em uma situação em que, ao tentar sair de uma empresa à qual eu sentia que não pertencia mais, o CEO perguntou se eu não estava deixando para trás muito dinheiro sobre a mesa. Certamente. Mas minha necessidade, naquele momento, era de me respeitar. **Limites são limites. Dinheiro, por mais importante que seja, não está à frente ou acima de tudo.**

Em um país desigual e com tantas dificuldades econômicas históricas como o Brasil, a ideia de trabalhar somente com o que gostamos soa como conto de fadas ou afirmações saídas da boca de um *coach* qualquer. É claro que existem momentos nos quais o essencial é estar empregado e conseguir trazer comida para casa — seja do ponto de vista literal ou metafórico. Nada disso pode ser ignorado quando pensamos em nossa realidade. Tenho um amigo, por exemplo, que se formou em Física pela Universidade de São Paulo (USP) e, há alguns anos, chegou a chefiar o INSS. É difícil imaginar um físico de formação iniciando uma carreira como técnico do INSS por gostar do tema "seguridade social". Não me leve a mal, não há aqui menosprezo à carreira, tampouco a quem goste da área, que é essencial para o funcionamento do país. Porém, ao menos na minha ótica, não há sobreposição temática e de gostos entre Física e seguridade social. Independentemente disso e do que penso, meu amigo cresceu na carreira até chegar aonde chegou. Talvez por uma necessidade, aprendeu a gostar daquela realidade, quis continuar e se destacou. E a minha reflexão é exatamente esta: ele quis continuar. Não esteja onde você não quer de forma alguma estar. Não há sucesso possível em uma situação dessas.

Novamente, por mais que as escolhas, às vezes, sejam limitadas no nosso contexto, não faça parte de indústrias que tenham práticas com as quais você não concorda.

É a partir da paixão — seja ela instantânea ou adquirida — que surge a disposição necessária para continuar aprendendo. É preciso tesão — de novo, essa é a melhor palavra para o contexto — de saber que você está onde deseja estar, unido ao foco, ambos produtos do autoconhecimento, dando asas às ideias e às habilidades desenvolvidas.

O limite máximo: as férias

As férias devem ter somente uma regra essencial e inegociável: desconecte-se 100%.

Não pode existir a ideia de "Vou só responder a esse e-mail e aí volto para as férias". Ou você está trabalhando ou está de férias.

Há uma consequência lógica de continuar conectado ao trabalho durante as férias: não ocorre um descanso verdadeiro. Sem descansar adequadamente, a volta ao trabalho será marcada por falta de atenção e erros, em um retorno ao ciclo de trabalho sem fim sobre o qual escrevi no começo do capítulo.

Não estar totalmente presente no momento de lazer também levará ao desequilíbrio da vida pessoal/familiar.

Mas há ainda uma última consequência que talvez não seja tão perceptível: a dependência. O comportamento de chefias e gestores que não se desligam nunca do trabalho pode criar uma dependência desproporcional do time em relação a essas figuras. Enquanto a necessidade pela palavra do chefe se aprofunda — o que coloca a chefia dentro de problemas às vezes banais e tira cada vez mais tempo para produzir coisas novas —, o time se torna mais lento. Por isso, um dos traços essenciais de um bom CFO, e sobre o qual vamos nos debruçar mais adiante, é saber delegar.

Há profissionais *C-level* que até argumentam que não podem se ausentar totalmente ou delegar, e que precisam estar disponíveis para sua equipe. Mas, lembre-se, essa pode ser a receita perfeita para as férias frustradas.

Primeiro, um e-mail simples. Depois, uma dúvida pontual; nada que uma ligação de poucos minutos ou um áudio não resolva. Em seguida, mais e-mails (porque começaram a colocar você em cópia). No momento seguinte, enquanto sua família está na piscina, você está dentro de um quarto conectado a reuniões online — mas só para alinhar um ponto estratégico, coisa rápida.

Pronto. As férias acabaram e você nunca viveu esse momento.

Referências

CARVALHO, Rone. O Brasil enfrenta uma epidemia de "burnout"? **BBC News Brasil**, 14 ago. 2024. Disponível em: https://www.bbc.com/portuguese/articles/cnk4p78q03vo.

GELLES, David et al. Elon Musk Details "Excruciating" Personal Toll of Tesla Turmoil. **The New York Times**, 16 ago. 2018. Disponível em: https://www.nytimes.com/2018/08/16/business/elon-musk-interview-tesla.html.

PRINGLE, Eleanor. Elon Musk often sleeps on a couch at Twitter HQ and admits he "shouldn't tweet after 3 a.m.". **Fortune**, 12 abr. 2023. Disponível em: https://fortune.com/2023/04/12/elon-musk-twitter-tesla-ceo-sleeps-on-office-sofa-reveals-twitter-rules/.

Capítulo 7: Insatisfação consciente

Desafie o *status quo* constantemente—nunca presuma que você é o melhor ou que seu processo é infalível. Sempre há alguém fazendo algo melhor. Construa uma base sólida, mas dê espaço para que os processos evoluam naturalmente. Afinal, um círculo nunca se encaixa perfeitamente em um quadrado.

Seja em uma Big Tech consolidada, em uma startup em processo de captação de recursos ou em uma ME (microempresa) que deve se manter nesse porte por algum tempo, uma coisa é certa: como parte do seu dia a dia na liderança, **você vai ter algum nível de insatisfação**.

"Insatisfação" pode parecer uma ótima companheira para ideias negativas, mas esse é um estado ao qual vale a pena se apegar e observar. Resista ao impulso de jogar a sensação fora ou deixá-la de lado. A insatisfação, se bem usada, pode ser uma importante ferramenta de análise para fornecer o estímulo necessário para os próximos passos.

Imaginemos uma situação em que a insatisfação é quase impossível: a entrada em um projeto em estágio inicial, um dos desafios potencialmente mais interessantes para fazermos parte. Não há como estar insatisfeito nesse contexto. O cheiro do novo, as pessoas contentes e cheias de energia, a imaginação de um futuro brilhante e a ausência de vícios de processo — aquelas ações, presentes em qualquer empresa com algum tempo de vida, que ninguém sabe explicar por que existem ou para que servem, e que são resumidas na expressão "Não me pergunte, sempre foi feito assim". Um projeto em início de trajetória é como uma folha em branco. Não tão em branco assim, na verdade, como se descobre no segundo dia de trabalho, ao se deparar com uma lista de tarefas para os próximos cinco anos.

Ainda assim, a empolgação permanece, afinal é possível começar quase tudo do zero. Porém, alguns dias depois, a lua de mel pode ficar menos interessante ao descobrir que não há vícios unicamente porque não há processos. Foi assim o início do meu tempo como CFO e sócio da Warren Investimentos, o que nos traz para um exemplo pessoal: meu início de jornada na Warren Investimentos.

Cheguei à Warren em 2019. Tratava-se de uma empresa ainda em início de vida — a sonhada folha em branco —, com fundação em 2017. Não é um exagero afirmar que, quando entrei, não havia processos internos devidamente estruturados. Se uma conta chegava à caixa de entrada do e-mail do time financeiro, as pessoas simplesmente a pagavam, sem muitas perguntas. Era uma empresa ainda pequena na qual tudo acontecia como era possível acontecer, uma realidade para muitas companhias. A dinâmica interna da Warren poderia continuar como estava? Sem dúvida. **Mas a situação criava insatisfação em mim; não era como eu enxergava que o trabalho deveria ocorrer.** Além disso, com as engrenagens girando assim, seria muito difícil, talvez até impossível, a empresa crescer e chegar ao patamar em que está atualmente. Por esse motivo, dediquei os três anos seguintes da minha vida profissional à estruturação da área financeira da Warren.

Se hoje a Warren é conhecida e reconhecida no mercado, é porque fomos muito bem-sucedidos na estruturação interna da empresa — ao ponto de, em 2021, sermos aprovados em uma meticulosa auditoria feita por uma das grandes empresas renomadas do setor. Parte dessa transformação — é importante citar que, apesar da minha participação central, o crédito não é todo meu — veio da minha insatisfação; eu prestei atenção, e isso me serviu para avançar a empresa, seus objetivos e horizontes.

Eu soube instrumentalizar a sensação de insatisfação. **É isso que chamo de insatisfação consciente: tomar as rédeas**

do sentimento e usá-lo ativamente, sem se tornar um refém da sensação.

Existe, claro, a forma clássica de absorver a insatisfação — uma insatisfação inconsciente? —, enxergando-a pela perspectiva negativa e nada fazendo em relação a isso, além de reclamar. Foi com esse estilo de insatisfação que me deparei alguns meses após deixar a Warren.

Durante um almoço com um colega recém-chegado à empresa, após anos em um banco centenário, ouvi dele que a nova empresa "não tinha nada", no sentido de que ainda havia poucos processos e controles, e informações eram difíceis de ser encontradas, quando existiam. Minha resposta foi alertar sobre um problema central em sua linha de raciocínio: a comparação de instituições incomparáveis. Como seriam as operações do banco centenário em seus primeiros anos de vida, no século 19?

Um dos pontos centrais da insatisfação consciente é o entendimento de que a estruturação e montagem de uma máquina bem azeitada leva tempo; a maturidade não chega em um estalar de dedos. É necessário se sentar, todo dia, à sua mesa, arregaçar as mangas e tentar fazer o melhor. Mas não se faz esse processo de qualquer jeito.

Comparar coisas incomparáveis, por exemplo, como fez meu colega, pode ter um efeito negativo sobre as pessoas que trabalham à sua volta. Imagine um chefe que usa a insatisfação para caçar erros ortográficos mínimos no trabalho de sua equipe. Ou o chefe microgerenciador — necessariamente sempre insatisfeito. O resultado da insatisfação não gerenciada pode ser uma pressão desproporcional sobre um time, que acaba cobrado por algo que nem mesmo cabe na estrutura daquela empresa. A impressão de que nada é suficiente pode, ao invés de trazer um incentivo e parecer ambição, levar ao desânimo da equipe, pela sensação de falta de reconhecimento.

O essencial é ter controle sobre a insatisfação, para que ela não controle você. Por isso, é importante elencar e organizar processos e projetos. Em empresas *early stage*, por exemplo, deve-se entender os verticais a priorizar. Além disso, é interessante criar um alinhamento claro entre você, seu time e a liderança a respeito do que se espera para cada estágio de desenvolvimento dessas verticais.

Demonstro, a seguir, como sequenciar essa construção em cada uma das áreas para, pelo menos, os três a cinco primeiros anos da sua empresa. Essa, porém, não é uma fórmula exata. Também depende de maturidade, necessidade e *skills* do seu time, todos fatores que podem influenciar a velocidade de implementação dos planos apresentados a seguir.

Contabilidade

Etapa 1

- Garanta que seus livros contábeis sejam organizados por um profissional capacitado e 100% das suas entidades legais passem por uma análise detalhada de todos os débitos e créditos ali contidos.

- Escolha um bom parceiro terceirizado para atuar nesse momento; os recursos da sua empresa precisam estar dedicados ao produto e à venda nesse momento.

- Assegure-se de ter um processo de fechamento contábil que começa e termina dentro de um único mês de calendário; não deixe as coisas se acumularem.

Etapa 2

- Comece a buscar deficiências na jornada de envio e recebimento de notas fiscais, e de compartilhamento de todos os movimentos de caixa, incluindo faturamento e contratos, de forma antecipada com o seu time de contabilidade, para que o ciclo, que inicialmente precisava se encerrar dentro do mesmo mês-calendário, comece a ser encerrado até o dia 15 do mês vigente, já que um fechamento mais curto permite mais tempo para analisar a qualidade e a consistência dos números.

- Traga um auditor que entregue um balanço anual auditado. Não precisa ser nenhuma BIG4[4]; um auditor de pequeno/médio porte é o ideal para esse momento. Uma BIG4 vai cobrar caro e exigir padrões dos quais seu negócio não precisa agora e que seu time ainda não está pronto para cumprir.

Etapa 3

- Reduza um pouco mais o prazo de fechamento; entre 6 e 10 dias deveria ser o prazo máximo para realizar todos os lançamentos contábeis.
- Perceba que seus processos já estão maduros o suficiente para você os enxergar de forma mais prática.
- Traga o time contábil para dentro de casa. O prestador de serviço ajuda a ir do 0 ao 1; porém, para evoluir como é necessário, traga uma contabilidade mais estratégica, internalizando as atividades e sendo dono do seu dia a dia.

Etapa 4

- Aumente a frequência de auditorias.
- Comece um processo de transição para uma BIG4.

---

4   Quatro maiores empresas de um setor.

- Não contrate a BIG4 de uma hora para outra para serem seus auditores; primeiro peça apoio para essa evolução, prepare-se, implemente os controles necessários; depois, faça a contratação.

Tesouraria

Etapa 1

- Nada de inventar! Pague as contas em dia e receba o que tiver que receber.
- Você não vai querer perder dinheiro com multas por atrasos e penalidades, ou até mesmo, por esquecimento, correr o risco de corte de serviços que sustentam sua empresa.
- Também não vai querer que todo o esforço comercial que seu time fez não se converta em caixa.
- Trabalhe com um processo simples de emissão de nota fiscal e um meio de pagamento que atenda à maioria dos seus clientes.

Etapa 2

- Políticas começam a ser necessárias.
- Inicialmente, crie uma política de reembolsos e gastos gerais. Quanto cada pessoa pode gastar para almoçar com um cliente? E em um café da manhã em uma viagem

a trabalho? Qual o seu parceiro de transporte? Alguma plataforma para gastos de viagens?

- Depois passe para a sua política de investimento (insisto, não invente!). Conte com uma política que preveja o que é feito com o caixa excedente para que você tenha uma remuneração segura (não significa que você deve sustentar o seu negócio com a rentabilidade do seu caixa). Repito e destaco: remuneração segura. "Ah, mas investimentos seguros geralmente rendem menos que investimentos mais arrojados." Isso mesmo!

Etapa 3

- Crie uma sólida, longa e intensa régua de cobranças com múltiplos meios de pagamentos para facilitar o processo de recebimento de suas vendas.
- Cadência, disciplina e clara orquestração envolvendo quem cobra, quando cobra, como cobra e quando passa para o próximo passo são elementos fundamentais para o sucesso desse processo.
- Saber a hora de tomar decisões mais duras é primordial para empenhar os esforços no que é preciso, tendo como clientes quem você precisa: Qual a hora de deixar de tentar cobrar e de enviar uma cobrança extrajudicial ou judicial?

Qual a hora de desconectar, por inadimplência, os serviços ofertados ao seu cliente?

Etapa 4

- Hora de dar um pouco mais de sofisticação aos processos de pagamento e começar a apertar o cerco dos fornecedores.
- Defina dias específicos para pagamento (na Belvo, pagamos fornecedores somente às quartas-feiras).
- Receba antes; pague sempre depois. Essa organização ajuda a focar, pois não será necessário revisar bancos, boletos e notas fiscais todos os dias, o que desgasta o processo e torna a margem de erro cada vez maior.

Planejamento Financeiro

Etapa 1

- Planejamento é feito para podermos errar! Está de bom tamanho uma boa visibilidade de P&L (*Profit and Loss*, Lucros e Perdas) com horizonte de doze a dezoito meses, de forma consolidada, com construção de receita através de duas a três métricas.
- É momento de aprender quais são os *drivers* que impactam o negócio, quais sazonalidades devem ser

esperadas, qual é aquele cliente que tira a previsibilidade e como cada produto vai performar.

Etapa 2

• Comece a detalhar mais a margem de contribuição de cada um dos seus produtos ou verticais de negócio.

• Já houve tempo para os produtos se mostrarem em atividade; agora é necessário estar seguro sobre a contribuição de cada um deles ao negócio não somente no que se refere à geração de receita, mas também em relação aos famosos *Unit Economics*[5] saudáveis e constantemente em evolução.

• Amplie um pouco o horizonte das projeções para cinco anos. Todo fundo de *Venture Capital* vai pedir isso — por mais que eu ache que, em todo semestre, esse número é completamente diferente.

---

5 *Unit Economics*: é o valor que seu negócio gera com base em cada unidade de receita gerada. Em alguns casos, isso está muito alinhado com a margem de contribuição da empresa, mas o foco é entender qual o retorno a cada nova unidade vendida, seja um cliente, um produto, um serviço, um pagamento etc.

Etapa 3

- Traga as métricas operacionais e financeiras junto ao seu P&L.

- Comece a avaliar: ARR (*Annualized Recurring Revenue*), CAC (*Customer Acquisition Cost*), ARR/FTE (Receita recorrente anualizada por cada colaborador), LTV (*Lifetime Value*, quanto o seu cliente gera de margem enquanto conectado ao seu negócio), entre diversas outras métricas que façam sentido.

- Não há *one size fits all*.[6] Cada indústria e segmento pedem diferentes métricas a avaliar.

- É hora de olhar além do P&L e trazer o Balanço Patrimonial para a equação. Uma análise adequada dos seus resultados requer que você olhe todos os números da empresa.

Etapa 4

- Comece a construir mais do que a margem de contribuição de cada produto; construa também o P&L completo desses verticais.

---

6   *One size fits all*: termo usado para soluções que não demandam customização, qualquer cliente que quiser consumir precisará exatamente do mesmo produto.

- Entender não só o custo mas também o investimento aplicado em desenvolvimento, distribuição, marketing, suporte etc. é fundamental para um clara visão do ROI (*Return on Investment*).
- Crie quantas segmentações forem necessárias; não se limite a um único nível de P&L; mas, se perceber que tanta segmentação agrega pouco valor e adiciona muita complexidade, comece a eliminá-las.

Costumo fazer um desafio para meus times quando chegamos a esse estágio. Provoco-os para que, em todos os meses, pensem em uma nova visão. Quando tive mais sucesso nesse desafio, chegamos a dez visões diferentes da segmentação de resultado da empresa, ou seja, conseguimos analisar e identificar oportunidades de dez formas distintas mensalmente.

Tributário

Etapa 1

- Pague seus impostos em dia. Básico, mas, às vezes, difícil de cumprir perante tanta complexidade.
- Entenda claramente qual o objeto social da sua empresa, quais são as atividades que ela pratica e qual a tributação aplicada a esses produtos.

Etapa 2

- Comece a buscar relações otimizadas entre sua estrutura de faturamento e o consumo de serviços. Entenda o que pode ser feito para que a carga tributária seja atenuada mediante uma organização entre compra e venda mais eficiente.
- Ter alguém no time que entenda esse dia a dia pode ajudar a manter o ambiente tributário mais próximo da sua empresa.

Etapa 3

- Traga consultores ou advogados externos para fazer uma avaliação mais estratégica e de longo prazo da estrutura societária. Aqui começamos a pensar em quais melhores tipos de Cadastro Nacional da Pessoal Jurídica (CNPJ) ter para ser realmente eficiente com a comercialização de cada tipo de produto.
- Já está na hora de pensar em uma estrutura mais robusta, não só para pagar impostos. De nada adianta um estudo elaborado mal implementado.

Etapa 4

- O último passo é pensar nas famosas relações *intercompany*, na sua estrutura de *holding* (Brasil? Cayman? Delaware? Holanda?), e em como os sócios contribuem capital para o negócio.

Compras

Etapa 1

- Encontre prestadores de serviço que caibam no orçamento. Mais do que buscar grandes plataformas ou as melhores do mercado, é hora de conseguir alguém que faça o básico bem-feito e que seja barato. Plataformas que oferecem serviços *freemium* (alguns dias grátis de teste + um pagamento futuro pelo serviço prestado) são as ideais. Aquelas que permitem que você pague com o cartão de crédito corporativo são um luxo!

- Use o cartão de crédito corporativo como forma de alongar o prazo de pagamento enquanto não se é grande o suficiente para negociar diretamente com o fornecedor. Tributariamente é ineficiente — na etapa 2 do estágio tributário anteriormente citado, você vai descobrir isso.

Etapa 2

- Acredite se quiser, mas empresas gastam fortunas com multas, juros e correção monetária por má gestão de contratos e processos de compras. Geralmente, quando criamos iniciativas de eficiência nas empresas, eliminar multas e juros é a prioridade 0, antes de pensar em descontos.

- Crie um fluxo simples mas que dê visibilidade suficiente de como esses serviços são contratados, abarcando quem autorizou, por que, quando etc. Quando a gente tem que explicar para alguém o porquê de precisar contratar esse serviço é que percebemos que nem sempre é necessário, e daí surgem imediatamente algumas economias.

Etapa 3

- Hora de aproveitar a competição. Nesse estágio você já começa a ter diversos fornecedores interessados em lhe vender algo. Crie um processo de competição entre os fornecedores no momento das renovações/contratações. A lógica dos três orçamentos ajuda demais. Não precisa ser tão rígido nisso, mas tente ao máximo ouvir o maior número de fornecedores possível.

- Tenha um time empenhado em revisar contrato por contrato. Nessa hora aparecem diversos esqueletos dentro do armário — coisas que não são mais usadas, mas que o time se esqueceu de cancelar.

Etapa 4

- Imponha regras: "Só pago em 15 dias", "Só aceito notas fiscais até o dia 20 de cada mês". Sua empresa já tem robustez o suficiente para que os fornecedores aceitem ser flexíveis para trabalhar com você. Nessa hora, usa-se o fator "escala" a seu favor e passa-se a ver os custos realmente caírem vertiginosamente.

M&A e *Investor Relations*

Etapa 1

- Use bastante tempo, bastante mesmo, para montar um bom mapeamento estratégico que justifique por que e para que um M&A ou um novo investidor faz sentido para o seu negócio. Nada é tão caro quanto um M&A que não tem uma clara sinergia e ganhos relevantes para o seu negócio. Só uma coisa é mais cara do que isso: ter o investidor errado, que não apoia suas decisões e que cria burocracias que só atrapalham.
- Somente aumentar receitas de uma hora pra outra, sem uma visão clara, não agrega valor nenhum ao preço da sua ação — pelo contrário, pode piorar o cenário.

Etapa 2

- Agora que você sabe o que quer, comece a criar relacionamento com os principais parceiros necessários para isso. Banqueiros, assessores financeiros, fundos de investimento; é hora de ir ao mercado e dar o seu cartão de visita, começar a ser visto e contar a sua tese para que todos se sintam interessados e fiquem de olho em você, mesmo que não seja para fazer negócio imediatamente (falamos sobre isso com muito mais detalhes no Capítulo 8).

Etapa 3

- Crie uma agenda construtiva e disciplinada de conversas com o mercado. Garanta que todos esses *players* estejam atualizados sobre sua evolução. Mais do que conhecer sua empresa, faça com que eles conheçam como você toma decisões, como supera uma dificuldade, como explica o que tem acontecido. Negócios são baseados em pessoas. Garanta que essa relação seja construída.

Etapa 4

- Hora de ir para a rua! Busque aquelas empresas que façam sentido para sua tese. Se precisa de capital, busque os investidores que confiam em vocês e que se apaixonam pela sua tese. Não tente ser aquele que espreme ao máximo para sempre ganhar um real a mais. Negócio bom é aquele em que você ganha dez vezes mais depois de feito, não na hora do contrato.

Capítulo 8: Você não se casa com quem acabou de conhecer

Construa relações sólidas e duradouras — são elas que abrirão os melhores caminhos quando você mais precisar.

A cadeira de CFO exige café e pão de queijo o dia inteiro.

No século 21, ninguém encontrará o caminho para ser um CFO de sucesso em meio a pilhas de planilhas. É claro que o conhecimento econômico e matemático, além do esforço, são pontos positivos em um bom CFO. **Mas uma parte substancial do trabalho se resume a relacionamentos, o famoso "vamos marcar um cafezinho?".**

Ao olhar para o cargo de CFO, muitos pensam, com certo grau de razão, que, ao alcançar a cadeira, relacionamentos e *networking* vêm naturalmente. Não adianta ficar sentado na sua cadeira de chefe achando que os bancos vão ficar ligando e bajulando. Existem mais CFOs do que bancos. Mas nem todos imaginam como o trabalho direto no dia a dia depende de "quem você conhece e de quem conhece você".

Apesar de um *networking* mais orgânico e quase automático associado ao cargo de CFO, é indispensável que relações sejam mantidas. Não é raro que, ao alcançar o posto de CFO, o profissional se esqueça de que ele também é parte interessada nos relacionamentos.

E, antes que você avance em busca de algo que não estará aqui, devo avisar: este capítulo não fala e não pretende falar sobre *networking* pessoal. A ideia aqui é falar da criação e manutenção de uma rede de contatos como parte primordial do dia a dia como CFO.

Com essa potencial confusão fora do caminho, voltemos ao trabalho.

Bancos, investidores e *players* importantes do mercado precisam ter o seu nome na cabeça deles constantemente. E não basta que saibam quem é você; é necessário que entendam a sua empresa, os seus pontos fortes e os seus calcanhares de Aquiles. Se parece algo banal, saiba que o esforço para manter essa prática não é desprezível e que, muitas vezes, acaba jogado para escanteio por causa da loucura que os executivos vivem diariamente. Vi, em primeira mão, o resultado do desprezo pelo *networking*.

Eu costumava almoçar com representantes de um banco, em São Paulo, de tempos em tempos, e sempre convidava o CEO da empresa em que eu estava para participar. A pergunta dele era: "É almoço comercial ou de relacionamento?". Por se tratar da segunda opção, ele não aceitava e eu ia sozinho. Após eu deixar a companhia, o CEO precisou exatamente daquele banco para captar verbas. Depois de ser contactado, o banco me ligou (mesmo que eu não trabalhasse mais para aquela empresa) e demonstrou a importância que almoços de relacionamento podem ter. O veredito, passado a mim antes mesmo de o CEO ficar sabendo, era que os anos de ausências e negativas de encontros por parte do CEO resultariam em um pedido negado de captação.

Algumas pessoas podem pensar que esse comportamento foi apenas uma demonstração de força e talvez até uma pequena vingança do banco, mas, na verdade, é uma amostra de como o mercado funciona. Por que o banco confiaria em um líder que ele não conhece e que não se deu ao trabalho de se apresentar e de falar sobre seu negócio? Nunca se sabe, no dia de amanhã, de quem ou do que precisaremos. A cadeira de CFO — e a do CEO também — tem uma grande necessidade de circular por meios de influência financeira, mesmo que você não precise de nada naquele exato momento.

A situação citada pode passar a impressão de que eu esteja falando de questões de relacionamento interpessoal. Não posso negar que existe uma parcela de questão interpessoal que faz parte do jogo — e o exemplo que dei há pouco talvez vá nessa linha. Mas eu estou falando de algo que vai muito além.

Como CFO, entre as suas principais obrigações estão garantir: (1) a governança adequada e eficiente da empresa;

(2) livros contábeis corretos e fidedignos; e (3) boa gestão financeira. Mas, para ter tudo isso, especialmente o último ponto, como você faz o dinheiro entrar no caixa da empresa, sobretudo nos momentos em que está precisando crescer e ampliar operações? Uma das formas refere-se às rodadas de captação, que já citei. Outra forma são os IPOs, dos quais também já falei; finalmente, há as captações de dívidas. No caso do IPO, a empresa faz somente um em sua história, não há um segundo — e você nunca sabe quando ele vai ocorrer. Já as rodadas de captação podem acontecer vez ou outra, a cada dois ou três anos, mas não é sempre que há uma nova captação — e não se sabe, geralmente, quando vai ser necessário usar esse artifício. Em qualquer uma dessas opções, os *players* do mercado e os bancos precisam ter muito claro quem é você e como a sua empresa trabalha. Para um IPO, o banco precisa ter a segurança de que ele estará listando uma companhia que tem, na gestão, sócios confiáveis e executivos capacitados. Se um banco for dar a você uma dívida, o seu balancete certamente não será o único e exclusivo ponto que definirá a transação.

Outro fator importante é o tempo. Você não se casa com quem acabou de conhecer. Estou falando de relações longas, de dedicação de um tempo considerável por ambas as partes. Isso é central exatamente por permitir que o banco ou o fundo conheçam você profundamente. Houve tempo e espaço de fala o suficiente para explicar as realidades da companhia enquanto elas aconteciam. E, mais importante ainda, houve a chance de contar dos problemas, em detalhes, enquanto eles ocorriam. Em relações mais curtas e imediatas, pode-se ser descartado de uma rodada de investimentos por uma performance baixa em algum trimestre, que não teve a chance de ser explicada e justificada. Como contar para um fundo, em uma semana, uma história de anos de realidade financeira de uma empresa?

Aplico diariamente esses ensinamentos na Belvo, onde trabalho. A cada trimestre eu falo com os principais fundos de investimento da América Latina, apesar de nunca termos feito nenhuma captação — o que talvez aconteça em breve. Mas é parte do meu trabalho manter um relacionamento próximo com esses *players*, porque, no dia em que eu precisar captar, o processo se torna menos sofrido.

Além disso, ao surgirem transações que pareçam boas para mim, todos esses *players* me chamam ou chamarão para conversar. Graças ao *networking* profissional, tenho a chance de ouvir mais rápido do que todo mundo o que está acontecendo no meu entorno, para que eu possa tomar uma decisão melhor. E, quando chegar a hora de me engajar em possíveis negócios, todos os entes que importam lembrarão de mim e de todos os cafés, almoços e jantares juntos.

Como criar relações de longo prazo

A primeira recomendação é fazer, literalmente, uma agenda semanal de conversas com diferentes *players* do mercado, bancos e fundos de investimento. A ideia aqui é, como dito anteriormente, mostrar para eles quem você é e quem é a empresa. Convite para cafés da manhã, almoços ou até jantares. Encontrar essas pessoas em ambientes externos ajuda a criar conexões.

A segunda dica tem a ver com iniciativa. Por mais que, em alguns momentos, possa acontecer de o relacionamento vir até você, em geral é você, o CFO, que deve tomar a iniciativa e procurar — afinal, você é a parte interessada. Uma coisa curiosa nesse processo é que, após algum tempo tomando a iniciativa, os próprios *players*, bancos e fundos, reciprocamente, passam a fazer convites para mais e mais eventos, cafés, entre outras coisas.

A terceira dica diz respeito a informações. Durante os encontros, não revele todos os detalhes e números da sua empresa. Cuidado. É mais seguro utilizar dados da companhia que já são publicamente disponibilizados. "Tem algum produto de destaque? Qual o tamanho dele?" A melhor resposta é deixar claro que o crescimento é real, mas que você não tem como revelar os números da situação. É importante fazer isso para se resguardar, sabendo que o outro lado também omite dados e não comenta diversos produtos — ou seja, eles vão entender sua limitação. Em resumo, foque o que você pode contar sobre sua empresa.

Finalmente, quem devo ter na minha lista de contatos? Alguns deles, no decorrer deste capítulo, já devem ter ficado marcados na sua cabeça, como bancos e fundos de investimentos. Além destes, outros contatos valiosos para cultivar são os de assessores de M&A (*Mergers and acquisitions*) e, dependendo do escopo do CFO, advogados.

Advogados? Sim, advogados. Pelo trabalho que desempenham, eles ficam sabendo de muita coisa antes de todo mundo; consequentemente, a proximidade pode trazer informações quentes e rápidas. Quente e rápido tal qual os inúmeros cafés e pães de queijo que esperam por você. Esteja sempre com apetite!

Capítulo 9: *Single time events* e outros nem tão únicos assim

Dividir seu negócio em partes menores e entender como cada uma impacta o resultado elimina a miopia da análise e leva a decisões mais precisas.

Conhecer detalhadamente a área de atuação da empresa na qual você é CFO é essencial. Quanto a isso, não há discussão. Porém, conhecer o histórico do segmento ou da companhia não significa saber o que o futuro reserva. Apostar que o acerto de hoje se traduzirá em um novo sucesso amanhã não é uma decisão estratégica com um retorno tão garantido assim. Também se pode dizer isso em relação ao que deu errado. Saber que uma ação não teve o resultado esperado no passado não significa que ela deva ser excluída completamente do seu cardápio de opções. Por isso, é importante entender os chamados *single time events*.

O nome é claro: eventos únicos, que acontecem uma vez; são exceções. A conquista consecutiva de três títulos do Campeonato Brasileiro (considerando a era dos pontos corridos) é um exemplo. No momento em que este livro é escrito, somente o São Paulo conta com tal feito, conquistando o troféu de 2006 a 2008. O Palmeiras chegou perto, com o bicampeonato e uma disputa, até a última rodada do campeonato, pela liderança em 2024. Ao retroceder a análise para o período anterior aos pontos corridos, há uma situação mais única ainda: os cinco títulos consecutivos do Santos do Rei Pelé, de 1961 até 1965. Aparentemente, a dificuldade da coroação tripla não se restringe ao futebol brasileiro. Nos esportes norte-americanos, essa também se mostra uma tarefa difícil em tempos recentes. Já não se pode dizer a mesma coisa sobre a britânica Premier League, que assistiu à recente hegemonia do Manchester City, com uma sequência de títulos desde a temporada 2020/21. Na alemã Bundesliga, o Bayern Munich conquistou incríveis onze títulos consecutivos, com início na temporada 2012/13.

Porém, em um cargo *C-level* fora do universo futebolístico, o que se pode ou se deve fazer quanto a eventos únicos?

Pode ser tentador, por exemplo, usar como parâmetro de modelo de negócio um período próspero, de franco crescimento de uma empresa. Imagine que uma grande varejista tenha feito uma campanha que despejou milhões de reais em uma empresa em poucos meses. Por mais tentador que seja aproveitar ao máximo esse fato, **não é adequado construir o negócio com a perspectiva de que se tem em mãos uma companhia que fatura esses milhões todos os meses** — a não ser que você tenha uma empresa que fature de verdade milhões frequentemente.

Um plano de negócio também não pode se pautar única e exclusivamente em momentos empresariais ruins. A saída de algum cliente importante pode levar a empresa, por meses consecutivos, ao negativo, porém essa situação não deve necessariamente desestruturar a companhia e fazer com que os rumos do negócio mudem. Mas, em alguns momentos, não vou negar, pode ser necessário guiar a empresa para outro destino — e, como você já viu nos capítulos anteriores, será, em algum grau, sua função apontar isso.

Houve recentemente um longo *single time event* experimentado pela humanidade e que serve como um bom exemplo para que se entenda melhor aonde quero chegar com este capítulo.

Onde você estava em 11 de março de 2020? Nessa época eu estava na Warren. Havíamos acabado de fazer um M&A[7] com uma empresa de Santa Catarina e estávamos indo de carro para as cidades de Jaraguá do Sul e Itajaí, em uma viagem para implementar a integração. Depois de horas de estrada, ao chegarmos a Itajaí, nos deparamos com pessoas de máscara e luva nos prédios comerciais. Após o estranhamento inicial,

---

7   M&A = *Merger & Acquisiton*. É o processo de compra e venda de uma empresa, seja integral ou parcial, envolvendo dinheiro ou somente troca de ações.

vieram ligações preocupadas da família, alertando que a covid-19 havia saído de controle. Voltei de carro para casa e, desde então, nunca mais retornei para o escritório e para a rotina de trabalho presencial. Porém, no período inicial da pandemia, o mundo ainda não estava adequadamente adaptado ao trabalho remoto. Para um M&A, há muitos processos documentais que dependem de cartório, e eles estavam fechados. Esse é um processo que também demanda uma sinergia grande entre as equipes que vão se unir; a outra empresa, contudo, não queria mais fazer reuniões e encontros. Em meio a isso, eu ainda participava de um processo de captação com o fundo americano QED. Se antes as conversas fluíam com tranquilidade, todas as incertezas trazidas pela pandemia levaram a um comportamento mais conservador e resistente do fundo.

A vida de absolutamente todo mundo na Terra foi transformada. E, como consequência, foi alterada também a vida das empresas e das nações, afetando profundamente a economia. O Ibovespa, índice que indica o desempenho das ações com grande volume de negociação na B3, a bolsa de valores brasileira, teve seu pior trimestre da história no começo de 2020, com uma queda de inacreditáveis 37%. Na decretação da pandemia e no dia seguinte, a B3 acionou o *circuit breaker* — parou todas as operações, por causa da queda brusca nos valores das ações — quatro vezes! Usar tão repetidamente um mecanismo como esse é impressionante pelo fato de não ser um instrumento corriqueiro. Era 2008, na grande crise econômica mundial, quando o *circuit breaker* foi acionado mais de uma vez no mesmo dia. Assim como no Brasil, no resto do mundo a situação era preocupante. Nos EUA, no que ficou conhecido como *Covid Crash* ou *Coronavirus Crash*, o Dow Jones — que, assim como o Ibovespa, é um dos mais tradicionais índices que acompanha as ações representativas de empresas americanas — perdeu também impressionantes 37% de valor de 12 de fevereiro a 23 de março.

Ao mesmo tempo que as economias mundiais lutavam para evitar um mergulho ainda maior na crise, um ramo parecia navegar por outros mares no Brasil. O *e-commerce* explodiu no país nesse período. A motivação do crescimento é lógica, considerando um momento em que os deslocamentos físicos estavam limitados e as pessoas passavam a maior parte do tempo em casa. Em uma situação como essa, quando um item é necessário, o que você faz? Compra pela internet. Um exemplo marcante que ilustra o que aconteceu com o setor de *e-commerce* foi o enorme crescimento, na bolsa de valores, da Magazine Luiza — que já vinha crescendo antes da covid. De 2016 até o começo de 2021, as ações da Magalu cresceram 35.000%; olhando só para 2020, o aumento foi de 5.000%. **A questão é: a pandemia não duraria para sempre e não**

vamos ter uma situação sanitária como essa todo ano — assim esperamos, pelo menos. Dessa forma, assim como as ações de *e-commerce* cresceram, elas também caíram nos anos seguintes. Mais uma vez usando a Magalu para exemplificar o que estava acontecendo no resto do setor, vemos que as ações da empresa chegaram a despencar 90% e a ficar próximas de se tornarem uma *penny stock* — ação negociada a centavos. Claro que as quedas não ocorreram somente porque as pessoas voltaram a se deslocar e, consequentemente, a fazer mais compras em lojas físicas. Esse é apenas um dos fatores. O cenário macroeconômico do país também pesou naquele momento, como inflação e níveis altos de desemprego. Há quem diga que o próprio setor estava otimista demais em relação aos seus modelos de negócio e não percebeu os riscos que aguardavam na esquina. Aí está a concretização do risco de se pautar em um *single time event*.

Vale mencionar que a reflexão do parágrafo anterior não tem a intenção de apontar dedos, dizer em quê colegas erraram e dar a entender que eu saberia resolver a situação. O objetivo é pura e simplesmente ilustrativo, e mostra quão fácil é cair em armadilhas quando falamos de *single time events*.

Apesar do nome, os *single time events* nem sempre acontecem uma única vez. A economia é marcada por longos ciclos de alta e outros tantos de baixa. Uma empresa de sucesso em longo prazo não está viva somente nos momentos de alta, mas sabe navegar nos diversos outros cenários. Um exemplo disso reside na realidade do mercado de *venture capital* até 2021, que tinha uma grande disponibilidade de capital de risco para ser investido. Muitas empresas foram construídas sem o fundamento básico da rentabilidade e sobre a ideia de que a situação permaneceria dessa forma para sempre, com dinheiro amplamente disponível. O ciclo foi encerrado, levando muitas dessas companhias.

Sazonalidade

A sazonalidade é mais uma ideia ligada aos *single time events*, apesar de não ser um por si só. Aqui, como provavelmente você já sabe ou já ouviu falar, estamos tratando de momentos específicos, dentro de um ano, por exemplo, em que há alguma variação previamente conhecida.

Se você trabalha com varejo, deve ser do seu conhecimento que a Páscoa é o segundo melhor período do ano para vendas. Outro ponto conhecido é que, olhando mais detalhadamente, o setor de bomboniere é o que puxa os números de empresas varejistas para cima nesse período do ano.

Outro ótimo exemplo de sazonalidade é a Black Friday. Há uma lenda que diz que os comerciantes operavam no vermelho — o que era traduzido na cor vermelha em números de balancetes — até o dia anterior ao Dia de Ação de Graças. Era a partir desse momento que multidões iam às ruas para fazer compras, gerando, finalmente, lucros para o comércio, tirando o vermelho dos números das folhas e colocando tinta preta nas informações contábeis dos negócios — daí o *black* de Black Friday. Mas essa lenda não passa de um bom conto. Um detalhe curioso: escutei essa história diretamente de um pupilo do Sam Walton, lendário fundador do Walmart e do Sam's Club.

Mas a verdadeira origem dessa nomenclatura também tem lá seus pontos interessantes. Aparentemente, o começo da Black Friday remete aos anos 1960 e estaria ligado ao enxame de turistas que ocupavam a Filadélfia entre o feriado de Ação de Graças e o jogo Army-Navy, centenária partida de futebol americano universitário que ocorre no sábado próximo a essa data comemorativa. A muvuca levava os policiais da cidade a longas horas de trabalho em meio a um trânsito horrível e um tempo ruim. Por isso, os oficiais chamavam o dia de *Black Friday*.

Por que a Black Friday e as sazonalidades são importantes? Basicamente, **por esses períodos resultarem em momentos de altas ou baixas consideráveis em vendas, por exemplo, eles podem levar a decisões erradas**, visto serem compostos de dados muito díspares da realidade cotidiana do negócio. Ou seja, decidir a estratégia do dia a dia de uma empresa somente com esses períodos em mente é extremamente arriscado.

Tanto nos *single time events* quanto na sazonalidade, é essencial que você tenha:

1. Atenção ao detalhe e seleção do que e de como analisar

O olhar mais detido vai ajudar você a enxergar o que aqueles dados fora do padrão do seu dia a dia do negócio significam e como eles devem ser encarados. **A regra é não tomar esses momentos como regra.**

Além disso, a atenção e o olhar analítico permitem adentrar os meandros do negócio e conferir se não é somente uma loja, por exemplo, ou a operação em um país que está deslocando o desempenho da companhia para cima ou para baixo.

2. Conhecimento do mercado e dos fundamentos do seu negócio

Somente conhecendo o setor no qual você está inserido e suas particularidades é possível aplicar efetivamente o item 1. **Somente sabendo do que se trata o seu negócio, tendo definido o *core* dele, você saberá agir perante tudo o que aparecer à sua frente.**

EBITDA ajustado

Se você já tem tempo de mercado, ao ler as páginas anteriores talvez tenha se perguntado se, em algum momento, eu falaria sobre "EBITDA ajustado". O EBITDA (*Earnings Before Interest, Taxes, Depreciation, and Amortization*, lucro antes de juros, impostos, depreciação e amortização) é, resumidamente, o lucro operacional da empresa.

O EBITDA ajustado muitas vezes é usado como uma grande maquiagem de dados. São inúmeras as empresas que, apesar de desempenhos fracos, mostram dados que, ajustados para inflação, câmbio etc., apontam um cenário fantástico. E são muitos os CFOs que colocam diversos asteriscos e apontam um sem-fim de eventos únicos, retirando da análise de desempenho apresentada ao mercado uma série de fatores. **Curiosamente, o acúmulo de exceções acaba levando a uma imagem com resultados ótimos.**

Não é esse tipo de ação extremamente questionável que estou pregando para você aqui. Pelo contrário. O EBITDA ajustado positivíssimo aponta para fora; se baseia em aparências. **Há, porém, a possibilidade de uma análise detida e de um olhar analítico que apontam para dentro, para a tomada de decisão,** ou seja, pode-se ter uma percepção clara do que está acontecendo, a fim de tomar as melhores decisões possíveis quanto ao rumo financeiro e estratégico da empresa.

E a questão aqui não chega a ser nem mesmo somente ética. É uma questão de relacionamento com os *players* do mercado. São as relações de longo prazo — como já conversamos em capítulos anteriores — que vão levar você a fazer evoluir a empresa e a sua carreira. Pela confiança depositada, esse tipo de relação nos leva a uma preocupação menor com os números imediatos, já que a visão dos *players* estará mirada no horizonte financeiro distante. Maquiar a situação só levará, eventualmente, a uma quebra da confiança, difícil de ser recuperada depois — lembre-se do tamanho da crise no ecossistema varejista causada pela fraude nas Americanas ou o escândalo dos subprimes nos EUA, em 2008, que levou a uma crise econômica mundial.

De toda forma, será que os demonstrativos financeiros usuais, necessários para toda empresa, são a melhor forma de mostrar o desempenho da companhia? O EBITDA ajustado pode ser usado para revelar a melhor forma de entender o seu negócio. Além disso, é necessário ser consistente. Se for necessário fazer algum ajuste em algum trimestre, deve-se olhar para todo o histórico e ver se não há nenhum outro momento em que também se fazem necessários ajustes — do contrário, você cria um cenário em que não se compara nada com nada. Em resumo, essa ferramenta precisa trazer um senso de justiça para todos.

Se a empresa tem um trimestre ruim, por que esconder? Se os fundamentos do negócio permanecem estáveis, um resultado ruim não vai ser o suficiente para afastar investidores e outros *players*.

Assim como esconder traz problemas de confiança, mostrar tudo como realmente é pode ser extremamente benéfico. O caso do Nubank é um ótimo exemplo disso. Por anos, o modelo dessa empresa ficou em pauta, exatamente pelos sucessivos e crescentes prejuízos. Ao mesmo tempo, o próprio Nubank nunca negou tais prejuízos, mas sempre explicava que eles estavam ligados a provisões legais que o Banco Central obrigava a empresa a fazer sobre a carteira de crédito. O Nubank nunca mostrou um resultado lucrativo que excluísse esses efeitos. A empresa só pedia paciência e afirmava que, conforme tais créditos chegassem a certo grau de maturidade, os lucros começariam a aparecer. E assim foi. Agora os lucros do Nubank batem os bilhões em um trimestre. **A história que eles contavam há muito tempo se materializou.**

Eu também vivi um caso ilustrativo da importância de transparência na apresentação de resultados. Houve um momento na Warren em que estávamos concretizando uma captação de recursos com um dos maiores fundos de investimento de Singapura, o GIC. Durante uma reunião de diligência, um dos sócios do fundo nos perguntou sobre o que, em relação à nossa empresa, nos preocupava. A preocupação que expusemos era relativa a um produto, que sentíamos que não performaria tão bem naquele ano em específico. Mas, na verdade, o que o sócio do fundo queria saber, como afirmou em seguida, era o que nos preocupava em relação aos próximos trinta anos. Ou seja, vendo a seriedade e transparência com a qual levávamos a empresa, tanto fazia se em um espaço curto de tempo haveria problemas ou não; o que importava para aquele fundo gigante eram os fundamentos do negócio, as bases estruturais da empresa.

A lição que fica é que um negócio bem-sucedido não pode ter vergonha de mostrar cicatrizes antigas e até mesmo seus pontos fracos. Quando o assunto são empresas, deixar as pedras fundamentais e as bases de construção aparentes são pontos positivos para que todos saibam onde estão entrando.

Referências

MENDONÇA, Heloísa. Bolsa brasileira despenca, suspende operações duas vezes no mesmo dia e dólar bate 5 reais. **El País**, 12 mar. 2020. Disponível em: https://brasil.elpais.com/economia/2020-03-12/medidas-de-trump-contra-coronavirus-provocam-terceiro-circuit-breaker-da-bolsa-brasileira.html.

MOURA, Júlia. Bolsa tem o pior trimestre da história e dólar sobe quase 30%, a R$ 5,20. **Folha de S.Paulo**, 31 mar. 2020. Disponível em: https://www1.folha.uol.com.br/

mercado/2020/03/bolsa-tem-o-pior-trimestre-da-historia-e-dolar-sobe-quase-30-a-r-520.shtml.

FRAZIER, Liz. The Coronavirus Crash Of 2020, And The Investing Lesson It Taught Us. **Forbes**, 11 fev. 2021. Disponível em: https://www.forbes.com/sites/lizfrazierpeck/2021/02/11/the-coronavirus-crash-of-2020-and-the-investing-lesson-it-taught-us.

DANTAS, Renan. Magazine Luiza (MGLU3): 'Somos os mais bem posicionados para aproveitar o ciclo de corte da Selic', diz diretora de RI. **Money Times**, 27 fev. 2024. Disponível em: https://www.moneytimes.com.br/magazine-luiza-mglu3-somos-os-mais-bem-posicionados-para-aproveitar-o-ciclo-de-corte-da-selic-diz-diretora-de-ri/#:~:text=A%20empresa%2C%20que%20ingressou%20na,atingiu%20em%20cheio%20a%20companhia.

JANKAVSKI, Andre. 'Tempestade perfeita' da economia faz Magalu perder 75% de seu valor. **Estadão**, 27 fev. 2022. Disponível em: https://www.estadao.com.br/economia/negocios/tempestade-perfeita-da-economia-faz-magalu-perder-75-de-seu-valor/.

O QUE ACONTECEU com as vendas do e-commerce no Brasil? **Negócios SC**, 11 abr. 2023. Disponível em: https://www.negociossc.com.br/blog/o-que-aconteceu-com-as-vendas-do-e-commerce-no-brasil/.

WATANABE, Phillippe. OMS declara pandemia do novo coronavírus Sars-Cov-2. **Folha de S.Paulo**, 11 mar. 2020. Disponível em: https://www1.folha.uol.com.br/equilibrioesaude/2020/03/oms-declara-pandemia-do-novo-coronavirus.shtml.

MARCOS, Coral Murphy. How Black Friday got its name. **The New York Times**, 26 nov. 2021. Disponível em: https://www.nytimes.com/2021/11/26/business/how-black-friday-got-its-name.html.

THE RIVALRY. Disponível em: https://armynavygame.com/the-rivalry.

TODOS os campeões brasileiros: Botafogo conquista seu terceiro título; veja ranking. **Globo Esporte**, 8 dez. 2024. Disponível em: https://ge.globo.com/futebol/times/botafogo/noticia/2024/12/08/todos-os-campeoes-brasileiros-botafogo-conquista-seu-terceiro-titulo-veja-ranking.ghtml.

BUNDESLIGA. **German champions in the Bundesliga**. Disponível em: https://www.bundesliga.com/en/faq/10-things-on-the-bundesliga/german-champions-in-the-bundesliga-10554.

PREMIER LEAGUE. **Premier League explained**. Disponível em: https://www.premierleague.com/premier-league-explained.

Capítulo 10: Quanto mais você delega, mais você trabalha

Para ganhar algo novo, é preciso abrir mão de algo. Enquanto você estiver preso ao operacional do dia a dia, não terá espaço para aprender, crescer e se desafiar.

É possível que, ao começar a ler este capítulo, uma de duas ideias esteja presente em sua mente: 1) ao chegar a um cargo como o de CFO, pode-se trabalhar bem menos, porque delegamos tarefas para todo mundo; 2) é impossível delegar tudo adequadamente; então, mesmo como CFO, é necessária uma grande participação nos diversos processos da empresa.

Caso uma dessas opções esteja em seus pensamentos, sente-se em um lugar confortável e se prepare para ser contrariado.

Comecemos pela primeira ideia. **Se a crença é a de que, ao alcançar o cargo de CFO, o trabalho consistirá em dar ordens para todo mundo, você não poderia estar mais enganado.** O título deste capítulo, inclusive, é uma provocação endereçada àqueles que acreditam que delegar é passar trabalho adiante para que eles mesmos trabalhem menos.

Delegação — ao menos, a apropriada — não funciona assim. Você tem que trabalhar, e muito!

Mas pelo menos CFOs conseguem ficar mais distantes de planilhas, certo? Errado. Talvez, ao ser um CFO, você não faça mais tantas planilhas quanto costumava fazer; porém, falando por experiência própria, saiba que as planilhas continuarão como parte integrante e importante do trabalho. Afinal, algumas análises precisarão ser privadas, talvez compartilhadas somente com o CEO (veremos mais sobre isso no decorrer deste capítulo).

Se você considera que "trabalho" é traduzido como ação operacional, como as já citadas construções de planilhas, é melhor também repensar a própria noção de "trabalho". **Ao estar em um cargo de decisão, uma enorme parte do trabalho não será materializado em atos ou até mesmo concretizado em decisões.** Será, porém, o estudo de contextos e temas ligados a suas futuras decisões. Como se espera conseguir fazer boas perguntas e encaminhar decisões sobre assuntos complexos sem estudo aprofundado sobre os temas que concernem à sua empresa? Estudo é parte essencial do trabalho do CFO.

Tendo isso em mente, vale um alerta: **a preocupação com entregas deve ser reduzida.** Diante da trajetória para chegar até o posto de CFO, é de se esperar que a ideia de "metas tangíveis" esteja sempre se fazendo presente na mente. É importante, porém, tentar controlar o pensamento. Como CFO, o trabalho é outro, e nem sempre tangível — em outros capítulos já falamos de quesitos que fogem da tangibilidade, como a construção de relações. Há semanas em que as reuniões dominam o tempo. Chego a ficar mais de quinze horas semanais em deliberações, o que significam quinze horas sem quaisquer entregas de fato, mas quinze horas que, ainda assim, são trabalho e são importantes para o cargo.

Uma parte das funções do CFO refere-se a ser disciplinado. Bloquear a agenda para ter tempo de estudo, como citado acima, é primordial. Mas não só isso. Pela posição em que está, o CFO também precisa estar atento ao desenvolvimento de carreira de sua equipe. Isso significa mais tempo bloqueado na agenda, que deve ser destinado ao time.

Como delegar

A delegação se conecta a duas ideias. A primeira é: delegar é direcionar a outro uma tarefa que você faria muito melhor. E a segunda: é preciso entender que aquela pessoa está dando o melhor dela.

A primeira, apesar de potencialmente lógica, considerando que estamos falando de alguém experiente em um cargo *C-level*, tem a intenção de ser provocativa. A segunda aprofunda a provocação e, ao mesmo tempo, traz uma reflexão importante para todo e qualquer gestor.

Como um CFO, você será obrigado a delegar. Goste da ideia ou não, essa é a realidade. Ao ocupar esse posto, é impossível cuidar de absolutamente tudo sozinho. O CFO faz algumas ou todas as tarefas melhor do que os seus colaboradores? Que assim seja, mas são eles que deverão executá-las e caberá ao CFO confiar no trabalho da equipe. Se um CFO delega e passa a microgerenciar o time, sua função se torna "acompanhar atividades" — esse com certeza não é o objetivo desse cargo dentro de uma empresa — e a companhia estará desperdiçando uma quantia de dinheiro considerável.

Delegar exige coragem e confiança

Ao delegar, portanto, é necessário confiar na capacidade dos colaboradores e saber que eles estão dando o máximo que podem naquele momento. A dedicação empenhada talvez não seja o esperado ou o máximo possível segundo a sua perspectiva; porém, ainda assim, é o esforço possível daquela pessoa, naquele momento específico. Isso não significa aceitar qualquer coisa ou um trabalho malfeito. Trata-se de entender que, assim como qualquer pessoa, os colaboradores têm uma vida fora do trabalho e que, naquele contexto específico, o que foi entregue era o possível a ser entregue.

A questão se torna, então: como conseguir sucesso ao delegar?

Ao longo da minha carreira, compreendi e passei a aplicar o conceito de *delegação planejada*.

Trata-se de, gradualmente e de forma estruturada, delegar tarefas e responsabilidades com diferentes graus de importância e complexidade. É uma maneira de não depositar, de forma repentina, deveres sobre um colaborador, mas, ao mesmo tempo, usar as delegações como testes para os limites dele. O limite para as experiências ficará claro ao perceber que alguma atividade delegada excedeu o potencial da pessoa — naquele momento, ao menos.

Chegamos, finalmente, à segunda ideia expressa no primeiro parágrafo do capítulo. O que dizer sobre ela? Esqueça-a!

Tudo em uma empresa é delegável. É evidente que, em certos momentos, torna-se necessário um zelo maior no processo de delegação (como em momentos de compra, venda e reestruturação da empresa, ou mesmo de expansão geográfica). Porém o cuidado a se tomar não deve ser entendido como impedimento. A questão se torna, então, o *timing*, ou seja, o momento certo para delegar, o qual, por sua vez, ocorre quando o projeto ou tarefa a ser delegada está madura e há certeza de que aquele será o caminho a ser trilhado.

Delegando durante um IPO

Um IPO é um momento de trabalho intenso e volumoso, no qual um único dia parece se tornar três ou quatro, e em que se faz necessária atenção total ao objetivo de abertura de capital. É um contexto que, necessariamente, afasta os envolvidos de atividades corriqueiras e envolve certo grau de confidencialidade. Essa era a minha realidade durante o IPO do PagBank.

Havia três pessoas no meu time que contavam com a minha total confiança e foi para elas que deleguei as operações rotineiras. **Não basta, porém, repassar a responsabilidade e se ausentar.** Uma atitude desse tipo poderia levar à apreensão dentro da equipe e ao receio quanto à estabilidade no trabalho. Como mencionado no capítulo "Imponha limites", a comunicação foi essencial. Informei para esse pequeno círculo de confiança a necessidade de deixar as tarefas cotidianas de lado por um período, reforçando, porém, que não se tratava de um afastamento associado a uma possível crise corporativa. A mensagem final foi: "Toquem o barco nesse ínterim, porque o mar à frente promete surpresas positivas".

A história que se seguiu já é conhecida: o IPO foi um sucesso e as operações do PagBank, na minha ausência, continuaram rodando azeitadas.

A minha ausência no dia a dia não ter afetado fortemente as operações do meu time foi motivo de felicidade e orgulho. Trata-se da concretização de um objetivo, talvez até mesmo um mantra que levo comigo e que creio poder ser útil para aqueles que ocupam cargos como o de CFO: **que ninguém perceba quando eu sair da empresa em que eu estou.** Isso não significa que sejamos peças dispensáveis. Mostra, porém, que conseguimos desenvolver as pessoas e as equipes, e com isso fortalecer a companhia.

Alguma falta, logicamente, quero que sintam de mim. Mas que seja pelo que agrego a conversas e discussões.

Quando uma delegação dá errado

Delegar um projeto ou tarefa pode ter um resultado abaixo do ideal ou, até mesmo, fracassar. Faz parte do jogo e pode acontecer, independentemente dos cuidados tomados. Porém é importante que seja feita uma análise fria do que deu errado. Não houve sucesso porque não daria certo de uma forma ou de outra, ou as coisas saíram do controle por erros individuais em processos e decisões?

Seja qual for a resposta, saiba que a responsabilidade sobre a falha será sempre de quem delegou. Não se delega ou se transfere responsabilidades, e cabe aos superiores hierárquicos na empresa conhecer os limites dos seus times para fazer delegações adequadas.

Por esse motivo, torna-se essencial uma cultura sólida de delegação dentro das empresas — o que só costuma ser construído com o tempo e a maturidade da companhia. A Siemens tem processos internos exemplares nesse sentido e era inspirador ver como absolutamente todo mundo tem seu escopo bem-definido lá dentro. Quem é você; o que faz; por quais pedacinhos da empresa você é responsável; até onde vai sua responsabilidade; como, quando e onde você tem que fazer suas entregas. Tudo isso está detalhado em manuais. E se trata de uma forma de delegação absolutamente processual. Sai um colaborador, entra outro e nada acontece; ninguém percebe que as peças mudaram, porque a engrenagem continua rodando, sem solavancos. Trata-se de respeito para com os colaboradores, que sabem o que esperar e entendem que não precisam se preocupar de serem cobrados por demandas que não lhes cabem ou lhes são desproporcionais.

Capítulo 11: Seja claro: água de coco de coqueiro

A comunicação não acaba no momento que você fala, ela acaba no momento em que quem escutou realmente entendeu sua mensagem.

O cargo de CFO pode trazer consigo uma vida encastelada em salas particulares, às quais poucos têm acesso — o que no passado era sinônimo de status, mas hoje é sinônimo de ineficiência —, e uma distância de suas origens profissionais. Seria um equívoco, porém, descartar a relevância da lembrança de nossas origens, prática comum no meio esportivo visando manter certo nível de humildade em meio aos caminhões de dinheiro recebidos. No caso dos CFOs, isso pode trazer à memória desafios de início de carreira que remetem a pontos essenciais (e pouco falados) para essa cadeira financeira: comunicação e transparência.

Como você já pode ver, o final do capítulo anterior trouxe spoilers do tema. Porém, antes de nos aprofundarmos no assunto "comunicação", devo explicar um conceito que talvez esteja confundindo quem lê este texto: *água de coco de coqueiro*. O que isso significa e qual a sua relação com comunicação?

A expressão é fruto do famoso telefone sem fio. Um amigo ouviu de um chefe que, aparentemente, repetia a frase constantemente, e me contou. Você agora está na outra linha. A ideia é que, até mesmo em algo aparentemente óbvio, é necessário ser assertivo, detalhista e direto. Afinal, por mais óbvia que pareça a expressão, estamos no século 21 e a água de coco que bebemos pode não ser natural e proveniente de um coqueiro.

Voltemos à comunicação e à transparência. Lembre-se dos seus primeiros cargos na área financeira (estágio ou o primeiro trabalho de fato). A lembrança de detalhes do dia a dia é, evidentemente, difícil de recuperar, mas é quase certo que alguns pontos de irritação permanecem gravados e facilmente acessíveis. Um deles deveria ser o recebimento de pedidos isolados e sem detalhamento. Qual seria a serventia, por exemplo, de um histórico de receita dos últimos 24 meses? Por que querem isso imediatamente? Outro que possivelmente me causava profunda irritabilidade era um pedido mal detalhado, que gerava um novo pedido, com retrabalho sobre o que já havia sido feito.

Revivo essa lembrança para apontar qual tipo de líder você não deve ser: aquele insatisfeito com o trabalho dos outros e ineficiente, que pede uma, duas, três vezes.

O ocupante do posto de CFO deve ter em mente que é ele quem tem a maior clareza sobre o contexto da companhia. É do CFO, portanto, a responsabilidade de trazer todos — ou ao menos os que respondem diretamente a ele — para a mesma página. Isso significa que, em lugar de uma mensagem genérica com um pedido, o melhor caminho é explicar para o colaborador o que está sendo feito, como, por qual motivo e de que forma o que foi pedido vai ajudar nesse processo.

Esse estilo de gestão pode soar familiar. Trata-se de algo próximo da chamada Metodologia Ágil, ou Agile. Com origem no universo de desenvolvimento de software, os princípios dela passam por projetos desenvolvidos em curtos períodos de tempo, com foco em entregas rápidas, muita colaboração e comunicação constante.

Pode-se resumir a metodologia ágil a deixar de ser "tarefeiro" e passar para um movimento de construção de produto. Em vez de ouvir e falar frases como "Me entregue isso", parte-se de explicações que incluem "Eu tenho esse problema", "Estou indo para esse caminho de entendimento de solução" e "Eu quero que você entre nessa etapa do processo e me ajude com essas informações para evoluirmos no problema em questão".

Pode parecer somente um movimento retórico, sem grandes implicações na ponta da cadeia — afinal, de uma forma ou de outra, alguém estará fazendo alguma coisa que foi demandada por um superior. Porém, novamente, reviva seus primeiros passos na carreira. Sabendo que você tinha uma tarefa e que ela teria que ser feita, o que você preferiria: conseguir entender o processo e se envolver nele como um todo ou entregar algo de qualquer jeito, sem saber como ou para que aquilo serviria?

Para mim, não há dúvidas de como eu me sentiria e quanto aprenderia nos meus primeiros anos de trabalho sendo incluído e conhecendo todo o processo. Por isso, é assim que busco tratar os meus colaboradores.

A cerca elétrica invisível

Os tópicos discutidos no capítulo anterior ("Quanto mais você delega, mais você trabalha") e no atual se complementam e se influenciam positivamente. Existe um ganha-ganha na relação delegar-comunicação/transparência. **Não há dúvidas de que seja possível delegar sem a presença ou a preocupação com comunicação e transparência, assim como é viável haver boa comunicação sem delegação dentro de um time ou empresa. Porém, ao juntar essas ações, ambas são potencializadas.**

Ao delegar responsabilidades sem clareza sobre o que se espera ou deve ser feito, os problemas se tornam facilmente imagináveis. A execução, de qualquer ação que seja, fica comprometida já de partida.

Quem delega não deveria ficar bravo — mas fica — quando pede a um colaborador uma base de dados para amparar uma análise em curso e recebe, como resposta, exatamente a base de dados completa requisitada. O problema nesse caso foi a não comunicação a respeito da expectativa de receber uma análise prévia daqueles dados.

Ao mesmo tempo, talvez, o colaborador tenha se chateado por ser demandado para o envio de uma base de dados sem tratamento, quando poderia ter mostrado mais do seu próprio trabalho na análise da documentação.

O resultado da interação sem comunicação clara é a irritação de quem delegou e a frustração de quem foi demandado. É construída, dessa forma, uma cerca elétrica invisível, uma separação que não está ali de fato, mas que trava processos e pontos de contato.

Contudo, a associação entre delegação conduzida de modo estruturado, comunicação e transparência propicia liberdade para o colaborador executar o necessário da melhor forma possível. Passa por esse processo também o ato de comunicar claramente os níveis de delegação, algo que é explorado profundamente no livro *Management 3.0 #Workout*, de Jurgen Appelo. Nele, Appelo elenca sete níveis possíveis de delegação:

1. Informar

Você toma a decisão e a explica para os seus colaboradores.

2. Vender

Você toma a decisão pelos outros, mas a ideia é trazê-los para perto, fazê-los se sentir envolvidos e convencê-los de que se trata da decisão certa.

3. Consultar

A ideia é pegar opiniões, refletir sobre elas e levá-las em conta antes de tomar uma decisão.

4. Concordar

A decisão é tomada em conjunto.

5. Aconselhar

A decisão cabe aos seus colaboradores. Você vai apenas apresentar sua visão.

6. Questionar

Após a decisão ter sido tomada pelos seus colaboradores, você os questiona sobre o motivo de aquele ser o melhor caminho a seguir.

7. Delegar

A decisão é totalmente dos seus colaboradores. Você nem mesmo quer saber detalhes sobre ela.

Quando pensamos em delegar, alguns dos níveis apresentados não parecem delegações propriamente ditas.

Porém, vale a reflexão sobre os pontos discutidos por Appelo e tentar visualizar em quais áreas da sua empresa são aplicados cada um deles.

Quase transparente

A ideia de transparência pode parecer de difícil aplicação para um cargo de CFO, que tem acesso a dados sensíveis. É evidente que a visibilidade da qual estou falando tem limites e que não devem ser disponibilizadas todas as informações com as quais você lida no dia a dia — vale o bom senso. Porém, é preciso ser, ao menos, transparente em relação ao que você pode e ao que não pode discutir. Voltamos, então, à comunicação: **falar sobre absolutamente tudo com o time**.

Tal esforço comunicativo é importante porque a ausência de pontos de contato e a falta de envolvimento dos colaboradores podem criar situações complexas e desagradáveis dentro da empresa, tal qual uma que vi de perto recentemente.

A Belvo, empresa na qual sou líder da área financeira atualmente, precisou passar por um processo de reestruturação. Em casos como esse, os desligamentos de colaboradores são inevitáveis. Uma das pessoas que estava segura em sua posição e que não seria afetada pela situação era minha gerente financeira. Porém, por toda a tensão que envolve demitir colaboradores, acidentalmente me distanciei um pouco do dia a dia financeiro da empresa e também dela. Deu-se, então, o ruído. Ao não comunicar a ela que seu cargo não corria riscos, passaram-se semanas de sofrimento na vida dela. Algum tempo depois, com o fim dos cortes e a certeza de que não seria desligada, ela me confidenciou que, devido ao meu afastamento, passou aquelas semanas com a certeza de que seria demitida.

Alguma forma de semitransparência também pode ser positiva para o mundo fora da empresa. Não seria sensato dar ciência de absolutamente todos os processos e números internos para pessoas que não fazem parte da operação. Porém, ao menos em assuntos importantes para a companhia, os investidores e consumidores precisam ter a segurança de que está sendo aplicado o nível possível de transparência e honestidade em relatórios.

A reflexão sobre comunicação e transparência me traz à mente uma situação corriqueira na minha trajetória profissional. Após o envio da comunicação trimestral para investidores com o detalhamento sobre o direcionamento estratégico e os desafios enfrentados, costumo abrir minha agenda para reuniões. Religiosamente, um investidor, de quem não citarei o nome, reserva um horário. Recentemente o envio dessa comunicação coincidiu com as minhas férias e a reunião que costumo ter com esse investidor se tornou um encontro dele com um dos fundadores da Belvo. Apesar desse acesso a um dos pais da empresa, assim que retornei ele quis me encontrar. "Estou mais tranquilo", ele me disse ao fim da nossa conversa.

Qual seria a diferença entre as duas reuniões para que a tranquilidade se concretizasse somente após falar comigo? Não há certezas em relação a isso, afinal não estive presente no encontro com o fundador. Porém é comum que CEOs e fundadores tenham uma comunicação apaixonada, que reflete a conexão emocionada que têm com a empresa. Por outro lado, como CFO, a comunicação deve ser direta, assertiva e com transparência, princípios destacados durante o capítulo. A combinação desses elementos gera confiança que, por sua vez, produz tranquilidade. Me parece que é por isso que aquele investidor, a cada três meses, vai ao meu encontro.

Referências

COURSERA. **What Is Agile? And When to Use It**. Disponível em: https://www.coursera.org/articles/what-is-agile-a-beginners-guide.

APPELO, Jurgen. **The 7 Levels of Delegation**. Disponível em: https://medium.com/@jurgenappelo/the-7-levels-of-delegation-672ec2a48103.

Capítulo 12: Seja resiliente, mas não engula sapos

Resiliência não tem nada relacionado a aceitar qualquer coisa, resiliência é saber aceitar altos e baixos e que, pra ter uma carreira de sucesso, o tempo é fundamental. Ninguém nasce e nem se forma CFO na faculdade.

Lionel Messi dispensa quaisquer tipos de apresentações. Mesmo quem não gosta de futebol ou não o acompanha sabe quem ele é e do que é capaz. Messi, durante toda a carreira, marcou quase setenta gols de falta — um número que corre o risco de ficar desatualizado rapidamente, sobretudo por estar relacionado a alguém como ele. Essa marca coloca o craque entre os maiores batedores de falta da história do futebol mundial, junto a outras lendas, como Ronaldinho Gaúcho, David Beckham, Juninho Pernambucano e os maiores de todos os tempos — assim como o próprio Messi —, Pelé e Maradona.

Estar próximo ao topo em listas assim é uma amostra de grandeza. Mas o desempenho em alto nível apontado por esses números esconde algo. Quantas faltas teriam batido Messi e outros desses grandes jogadores para conseguir integrar tal lista? Muitas! Há dados que apontam que somente cerca de 6% das batidas de falta terminam no fundo das redes do goleiro. Isso mostra porque, talvez, ao ver uma falta próxima à grande área, torcedores fiquem tão apreensivos e com olhares fixos. Ver um jogador fazer um gol em uma situação dessas é algo raro e, com frequência, bonito de presenciar.

E o Messi? Quantas faltas ele bateu até aqui na carreira? Foram mais de quatrocentas bolas paradas para chegar aos quase setenta gols. Isso significa que, mesmo Messi sendo Messi, ele errou muito mais batidas de falta do que acertou — apesar de ter, com base nesses números, um desempenho consideravelmente melhor do que os 6% citados.

Esse é o tipo de resiliência que focamos neste capítulo.

É comum ver uma associação incorreta entre resiliência e o que conhecemos popularmente por "engolir sapo". Ouvir ofensas ou sofrer falta de respeito de chefes e aguentar calado — por crer que aquele ambiente é importante para os próximos passos na carreira — não é ser resiliente. A resiliência à qual me refiro está relacionada à compreensão de que a trajetória profissional raramente é linear. Ter uma ideia e um plano desenhado não significa que o resultado esperado virá.

Novamente, peço emprestada a história de Messi para exemplificar como trajetórias profissionais não são lineares e por que a resiliência é necessária no percurso.

Quem vê os gols de falta de Messi hoje imagina um talento nato, assim como nos demais fundamentos desempenhados por ele. Na realidade, porém, Messi estava longe de ser um grande batedor de faltas nos primeiros anos de carreira. Ainda jovem, nas categorias de base, apesar de toda a sua habilidade, as cobranças de falta não entravam entre os atributos de destaque da então promessa argentina. Nos primeiros anos de carreira profissional, a realidade ainda era essa. Até o começo de 2012, por exemplo, quando já brilhava no Barcelona há algum tempo, ele só tinha míseros cinco gols de falta.

Segundo se conta sobre a melhoria nas batidas de falta, outra lenda teve participação na evolução vista em Messi neste quesito. Em 2009, durante um treino da seleção argentina em que Messi estava frustrado por errar cobranças, Maradona teria ajudado o craque a aperfeiçoar a batida na bola.

"Eu vi Diego chegando. Ele segurou Messi pelo ombro e disse: 'Leozinho, Leozinho, vem cá, cara. Vamos tentar de novo'", contou Fernando Signorini, treinador-assistente de Maradona, ao jornal argentino La Nación. "Não tire o pé da bola tão rápido, pois, do contrário, ela não vai entender o que você quer", teria dito Maradona a Messi, pouco antes de bater uma falta e colocar a bola nas redes.

Foi com a falha, o inconformismo, as contínuas tentativas e aproveitando as lições valiosas de quem estava em volta que Messi chegou ao patamar em que está hoje.

É claro que o universo do futebol é diferente do mundo dos CFOs. Há um ponto em comum, porém: a necessidade de ajustes de trajetória. Essa ideia pode ser traduzida pela cultura do *fail-fast*, que, em linhas gerais, é um modelo de gestão que preza pela velocidade dos testes e a recalibragem do caminho a partir da percepção de falhas no processo.

Portanto, a resiliência tratada aqui envolve a serenidade de compreender que nem tudo acontece na hora pretendida. Abundam os momentos na carreira em que se crê estar executando algo enfadonho e repetitivo, mas que, ao aplicar um olhar macro sobre a atividade, percebe-se a relevância disso para o desenvolvimento da compreensão do funcionamento de uma área ou negócio no qual você está inserido.

Hoje muito se fala sobre a ansiedade das novas gerações, que chegam aos postos de trabalho com grandes expectativas de crescimento em curtíssimo espaço de tempo. Ambição é uma característica positiva, porém ela deve ser acompanhada de paciência. Se você faz parte dessa fatia mais jovem da população, está lendo este livro e se identificou com o que acabei de dizer, saiba que é possível aprender muito ao participar de uma reunião e se concentrar em ouvir e observar. Pessoalmente, em situações assim, aprendi, por exemplo, a como e quando me posicionar, e a hoje ser um profissional que fala somente quando realmente tenho algo a agregar a uma discussão.

O exemplo da minha mãe

Tenho minha mãe como um exemplo para mim, assim como, acredito, a maioria das mães é para seus filhos. O exemplo da minha mãe diz respeito à resiliência, uma das maiores com as quais me deparei na vida. Ela trabalhou durante 42 anos na mesma empresa, a Siemens — que depois viria a me receber também —, um período que, atualmente, parece inacreditável. Poucos anos após começar no trabalho, o setor no qual ela estava deixou de existir. A lógica, em um caso como esse, especialmente ao pensar com base na perspectiva atual, é de que ela seria demitida naquele momento de reestruturação da empresa. A chefia a chamou para uma conversa e, no lugar da demissão, ofereceram elogios sobre o trabalho realizado e fizeram o compromisso de que ela não seria desligada. Prometeram uma posição para ela dentro de alguma equipe.

Durante seis meses, todos os dias minha mãe ia para a empresa e, às 8h, sentava-se em sua mesa, não atrelada a qualquer time. Às 17h, ela se levantava, pegava sua bolsa e ia embora para casa. Durante todo esse tempo, sem posto ou função, não havia nada para fazer. Lembre-se de que estamos falando do século 20, sem celular, sem Instagram, sem computadores com internet. A única coisa que minha mãe tinha, naquele momento, era uma convicção grande de que aquilo era o certo. Era a carreira dela e tudo daria certo de alguma forma. No fim, realmente deu, como mostram os 39 anos que ela passou na Siemens após esse período.

A saga da minha mãe deu tão certo, que eu "herdei" uma vaga de estágio na empresa. Quando estava grávida, ela tinha uma estagiária que prometeu que, algum dia no futuro, daria um estágio para aquela criança que se desenvolvia em sua barriga — eu. Dezoito anos depois, a ex-estagiária permanecia na Siemens. Ela ligou pra minha mãe perguntando sobre mim — quando eu estava no segundo ano de faculdade — e cumpriu sua promessa.

Mas não se engane: ser resiliente também não significa ficar, assim como minha mãe, por longuíssimos períodos em um mesmo trabalho. O tempo como parte de uma empresa tem somente a ver com visões pessoais e também com nível de ambição. Pessoalmente, o que me move é a novidade, me levando a buscar sempre novos desafios profissionais.

Resiliência e equilíbrio

Ao mesmo tempo que a resiliência é essencial, precisamos refletir sobre como a dedicação a um objetivo também pode provocar distanciamento de pessoas queridas, da família e de si mesmo — todas esferas da vida que estão acima do trabalho. Não faltam exemplos de grandes atletas ou criadores que acabaram perdendo momentos da vida familiar por estarem totalmente focados na profissão.

Crie de manhã, administre à tarde (título da mesma editora pela qual estou publicando este livro), de Renata Sturm e Guther Faggion, livro sobre o lendário quadrinista Mauricio de Sousa, mostra o risco de colocar a profissão e a resiliência (na forma de dedicação) acima da própria vida. Em um trecho da obra, os autores mostram como, em parte, o estúdio do Mauricio foi responsável pela primeira separação do quadrinista. Toda a vida dele tinha se tornado trabalho e o estúdio se tornou sua casa.

O caminho da resiliência não precisa, porém, ser solitário e de sofrimento. O segredo para evitar essas dores está nos capítulos anteriores: comunicação. É necessário se comunicar com as pessoas amadas, deixando claro qual é o seu momento de carreira. Em algumas ocasiões, as demandas estarão mais pesadas, e será momento de ser resiliente e se dedicar mais ao trabalho. Se as pessoas ao seu redor souberem disso com antecedência, a compreensão se torna mais fácil, os acordos ficam mais leves e ninguém sairá machucado.

Resiliência como empresa

É óbvio que resiliência não é algo somente aplicável à vida pessoal. Como CFO, torna-se relevante pensar na resiliência como pessoa jurídica. Construir uma empresa que saiba navegar pelas intempéries e permanecer no rumo certo não é simples. Porém há ótimos exemplos que demonstram que a persistência aliada a objetivos claros e mudanças de rota, quando necessárias, dá frutos.

O Carrefour é um bom exemplo de empresa resiliente. Por todo o tempo em que estive no Walmart, um competidor direto, o Carrefour tinha um histórico de ficar em uma posição secundária no varejo, atrás do fortíssimo Grupo Pão de Açúcar. Mesmo nessa situação, o Carrefour mantinha, constantemente, uma proposta clara de entrega de valor e consciência sobre si mesmo. Os anos se passaram e, praticamente em silêncio, sem estardalhaço ou sem espalhar milhares de lojas, comprou a rede Big, antigo Walmart Brasil, do fundo Advent que havia adquirido as operações do Walmart e com quem disputava a segunda colocação, e hoje tomou a dianteira no mercado de varejo brasileiro, com muitas marcas.

Aproveitando a questão do varejo, vale mencionar que resiliência não pode ser confundida com inflexibilidade e pressa. A operação do Walmart no Brasil talvez tenha pecado pela falta de foco e, consequentemente, falhou na adaptação ao mercado. A empresa iniciou suas operações no Brasil em Osasco. Nessa loja inicial, o Walmart vendia tacos de beisebol e de golf, o que demonstrava um modelo importado, sem adaptação à realidade nacional. Além disso, buscou-se um crescimento muito rápido. Após abrir cinco lojas, a marca comprou duas redes e, em três anos, já contava com 290 endereços no Brasil.

A própria Siemens é um bom exemplo de resiliência e, dessa vez, por um tema delicado. Logo depois da minha saída, houve uma grande denúncia de corrupção envolvendo a empresa. Durante anos, a Siemens pagou propina para garantir mercado em diversos locais pelo mundo, entre eles o Brasil. Sem entrar em muitos detalhes, até porque o caso está amplamente documentado e noticiado, o esquema brasileiro envolveu licitação e cartel relacionado a contratos com a Companhia Paulista de Trens Metropolitanos (CPTM) e, consequentemente, o governo do estado de São Paulo. Como é de se esperar em um caso público desse nível, as ações da empresa despencaram. Devido à corrupção, um gigante grupo centenário passou por uma grande crise de liderança, tendo que trocar a sua própria direção diversas vezes em pouco tempo. Esse processo custou, segundo a própria empresa, 10 anos e €500 milhões. Com o caos, a empresa foi obrigada a olhar para si mesma — aqui entra a questão da resiliência — e ver onde tinha errado, para assim conseguir, após o período de baixa, voltar ao topo. Hoje, qualquer um que olha para a Siemens vê que a empresa permanece um elefante sólido e dominante nas indústrias às quais ela se dedica.

Se a resiliência se faz necessária para empresas tradicionais navegarem por períodos difíceis e conseguirem se reerguer, posições, ações e empresas disruptivas também exigem uma boa dose desse elixir. A história da Netflix é uma amostra disso. Foram anos de crença e persistência no modelo de negócio que ofereciam, mesmo sob a sombra de gigantes das locações, como a Blockbuster. Até que um dia a Netflix se tornou o monstro que conhecemos, presente na casa e na boca de qualquer pessoa, independentemente de idade ou classe social.

O Nubank é outro ótimo exemplo de resiliência. Por cerca de oito anos, o Nubank foi um cartão de crédito básico, que apostava em inclusão de mais público e em uma experiência diferente de produto. Com um modelo de negócio que foi ampla e constantemente questionado, hoje o Nubank dá grandes lucros, tem a maior base de clientes do Brasil, está entre as instituições financeiras mais valiosas da América Latina e caminha para se tornar um dos gigantes *players* no mundo. Agora, com milhões de clientes, praticamente qualquer produto lançado tem potencial para gerar grandes somas de dinheiro — recentemente, o Nubank entrou no universo das criptomoedas e até no setor de telefonia.

Por fim, voltando a um caso que acompanhei de dentro, o PagSeguro só chegou aonde está por causa da resiliência. A empresa já operava no mundo do e-commerce desde 2007 e só foi "aparecer" para o mercado por volta de 2015. De algo pequeno, sem uma proposta de valor muito clara, tornou-se presente nos mais diversos momentos da nossa vida — caso você não tenha percebido ainda, preste atenção em quais são as empresas envolvidas nos pagamentos feitos online.

Hora de partir

Apesar da importância da resiliência, nem sempre o caminho é construído abaixando-se a cabeça e seguindo adiante com o trabalho. Não faz sentido, na vida profissional, integrar operações ou empresas que se envolvam em ações que ferem a legalidade — algo que é óbvio — ou sua ética pessoal e profissional. Pode parecer lógico, mas vale destinar atenção especial a isso. Aumentar os custos com psicólogo, psiquiatra e remédios não vai proporcionalmente aumentar seus ganhos financeiros ou levar você mais longe na carreira.

Além de potenciais ilegalidades e do peso dos valores pessoais, deve-se prestar atenção nas perspectivas que uma empresa e um cargo oferecem. Portanto, na sua jornada profissional dentro de uma companhia, ao se ver em um momento de baixa, é importante buscar certo distanciamento, observar sua posição e conferir se a situação ainda oferece horizontes de crescimento. Se assim for, talvez valha tentar compreender o momento atual, tirar o melhor dele e ser resiliente.

Referências

TOLMICH, Ryan. Lionel Messi: The greatest free-kick taker of all-time? **Goal**, 10 ago. 2023. Disponível em: https://www.goal.com/en/lists/lionel-messi-greatest-free-kick-taker-inter-miami/blt560c94122d92e574#.

SOCCERMENT. **Bend it like Beckham: the top free-kick takers in Europe**. Disponível em: https://soccerment.com/bend-like-beckham-top-free-kick-takers-europe/.

MESSI VS RONALDO. Disponível em: https://www.messivsronaldo.app/detailed-stats/free-kicks/.

LANACION. **LA ANÉCDOTA en la que Maradona le enseña a Messi a patear tiros libres**. Disponível em: https://www.youtube.com/watch?v=gaQTGPZrTYI.

RIBEIRO, Bruno; GODOY, Marcelo; CHADE, Jamil. Propina da Siemens foi de 8 milhões de euros no País. **O Estado de S. Paulo**, 6 ago. 2013. Disponível em: https://www.estadao.com.br/brasil/propina-da-siemens-foi-de-8-milhoes-de-euros-no-pais/.

VOLTA POR CIMA da Siemens após escândalo custou 10 anos e R$ 1,6 bi. **Folha de S.Paulo**, 13 abr. 2017. Disponível em: https://www1.folha.uol.com.br/seminariosfolha/2017/04/1874964-volta-por-cima-da-siemens-apos-escandalo-custou-10-anos-e-r-16-bi.shtml.

Capítulo 13: Governança

Processos servem para nos dar conforto, para nos livrar da desconfiança. Entenda o papel fundamental que a disciplina agrega na sua vida.

Para quem não sabe o que quer, qualquer coisa serve. Essa é uma frase que poderia ser escrita na parede dos gestores de empresas. A sentença resume, em suas entrelinhas, o motivo pelo qual a maioria das companhias falha. **O fracasso não ocorre pela falta de *business*, mas pela forma como o negócio é executado.**

É comum que empresas dos mais diversos tamanhos possíveis adotem técnicas e métricas já amplamente utilizadas no mercado. **Se o Google usa a metodologia de OKRs, porque eu, CFO de uma empresa menor e com menos tempo de mercado, faria diferente?** Afinal, hoje o mundo é do OKR.

Então, falemos um pouco sobre o que eles são.

OKR é a sigla para *Objectives and Key Results*, uma proposta de Andy Grove — que chegou a ser chamado de um "OKR ambulante" — no século passado. Ao se juntar à Intel e aplicar suas técnicas de governança, ele ajudou a empresa a sair de uma receita de US$ 1,9 bilhão para US$ 26 bilhões.

A inspiração para a metodologia OKR veio de outra sigla: MBOs (*Management by Objectives*), que pregava que o trabalho deveria ser focado em resultados. Os OKRs são relativamente parecidos, mas com diferenças importantes. Entre elas, está o fato de ser trimestral, não anual. MBOs costumam ser mais pragmáticos e focados somente no objetivo, enquanto OKRs incluem o "como" para alcançar esses objetivos. Outra diferença central é que os MBOs costumam ser privados, conhecidos individualmente, enquanto os OKRs são públicos dentro das empresas.

O herdeiro dos OKRs foi John Doerr, que trouxe a metodologia para a execução do dia a dia no Google. Doerr injetou US$ 11,8 milhões na gigante das buscas nos primórdios da empresa e apresentou os OKRs para os fundadores Larry Page e Sergey Brin. "Bem, precisamos ter algum princípio organizador. Não temos um, e este pode muito bem ser ele", teria dito Sergey. Foi assim que os OKRs se tornaram parte do muito bem-sucedido DNA Google. Como o próprio Doerr diz, resumindo perfeitamente a essência OKR, "Ideias são fáceis, mas execução é tudo".

Outra execução de Doerr está no livro *Avalie o que importa: como o Google, Bono Vox e a Fundação Gates sacudiram o mundo com os OKRs* (Alta Books). Trata-se, na minha concepção, de uma das bíblias para qualquer pessoa que pretende liderar adequadamente e direcionar a atenção para onde é necessário.

Nos OKRs, o que vale é a execução em cada um dos postos da empresa. Nessa forma de gerenciamento, falamos de objetivos concretos e, se possível, aspiracionais. Tais objetivos são seguidos por resultados específicos, agressivos, realistas, mensuráveis e verificáveis — aqui o resultado será um "sim", ou seja, foi alcançado, ou um "não", em caso de falha. Resumindo, os KRs são o caminho para chegar ao O (*objective*).

Aqui reproduzo o que o próprio Doerr falou aos jovens colaboradores do Google:

O: O objetivo de Doerr, naquele dia, era construir um modelo de planejamento para a empresa, a partir de três resultados-chave:

KR1: Terminariam aquela apresentação dentro do tempo estipulado.

KR2: Criaram um conjunto de amostras de OKRs trimestrais para o Google.

KR3: Obteriam um acordo da gestão para um teste de OKRs de três meses.

Apesar de ser um método interessante, há algumas questões que devem ser levadas em conta em relação aos OKRs. A primeira delas diz respeito ao **objetivo**, que deveria ser aspiracional. Com o que vi e ouvi até hoje no mercado, posso dizer sem muito medo de errar que, na maior parte dos casos, as empresas colocam nos OKRs objetivos relacionados diretamente com resultados do trimestre, uma ação que neutraliza um dos pontos mais interessantes dos OKRs — tentar pensar grande.

A minha segunda questão com os OKRs tem a ver com a aceitação de um objetivo que não foi plenamente alcançado. Em teoria, nessa metodologia, funciona assim: se um objetivo é 70% alcançado, por ser algo que deveria ser grande e aspiracional, trata-se de um sucesso. Mas será que a sua empresa estaria satisfeita com 70% de completude em um objetivo? Novamente, tendo como base o que vi na minha trajetória profissional, sinto que a resposta é "não".

Finalmente, o último problema dos OKRs está relacionado ao empoderamento das pessoas dentro da empresa, algo que faz parte desse método. Dentro dos OKRs, para chegar a um objetivo maior, os colaboradores deveriam poder tomar decisões autônomas a fim de, eventualmente, chegar ao "O" da sigla. Mas, olhando o mercado, são pouquíssimas as empresas que conseguem ter esse nível de autonomia.

O conceito de "autonomia dos colaboradores" dentro de empresas me remete inevitavelmente ao empresário Ricardo Semler, que por cerca de duas décadas foi CEO da Semco, e às suas avançadas ideias de gestão — que, para muitos, podem soar radicais. **O empresário acreditava e aplicava uma visão de autonomia máxima para os membros da companhia, ao ponto de serem os próprios colaboradores que definiam os**

seus salários e o conselho da empresa. Demonstrando que o mesmo princípio regia a todos — lembre-se do capítulo "Trate todos exatamente da mesma forma" —, ele deixou o posto de CEO por vontade dos colaboradores.

Outra inovação trazida por Semler era a rotatividade de projetos. Essa foi uma ideia que coloquei em prática no PagSeguro, e foi uma época em que — tamanho o choque potencial desse conceito — eu costumava afirmar, em tom de brincadeira séria, que minha experiência viraria *case* e seria lembrada, ou viraria estatística, e eu seria demitido em poucos meses. No meu time de planejamento financeiro, a cada semana os colaboradores pegavam um projeto novo. Dentro da equipe o funcionamento era legal e animador; o grande problema era a estrutura da empresa, que não seguia esse mesmo padrão. Isso criava um descompasso que, no fim das contas, gerava confusões (imagine a frustração de alguém de fora do meu time ao procurar uma pessoa com quem já estava falando e descobrir que, poucos dias após o último contato, a interação teria que ser reiniciada com um terceiro). Não virei estatística, muito menos *case*.

Outra metodologia amplamente comentada é a dos KPIs, *key performance indicator*. Ela aponta os principais indicadores quantificáveis para o progresso que levará a um resultado esperado. Por meio dela, mede-se algo que se deseja verificar.

De forma mais simples, é um número e pode fazer parte dos OKRs. Podem ser KPIs: quantidades, tipos, qualidade, eficiência, entre outros.

Há ainda o BSC, *Balanced Scorecard*. Trata-se de medir o peso de cada uma das iniciativas dentro da companhia. Com base em diferentes dados disponíveis, nesse método os gestores olham a empresa por quatro ângulos diferentes: como os consumidores veem a companhia? Em que podemos nos sobressair? Podemos continuar a melhorar e a criar mais valor? Como estamos perante os acionistas?

Eu diria que é possível fazer uma linha evolutiva entre esses métodos, partindo do BSC, passando pelos KPIs e chegando aos OKRs.

Agora, retornemos ao início deste capítulo. Será o modelo de OKRs realmente o mais adequado para a sua empresa?

O CFO analítico

Aplicar o modelo de OKR e seguir a linha de uma gigante como o Google pode soar tentador, parecendo ser o caminho correto, já testado e trilhado por outros. A questão é que a jornada de sucesso e os processos de outras empresas não necessariamente terão o mesmo resultado quando replicados. **O CFO precisa se desprender de qualquer amarra — e não necessariamente seguir o modelo do momento —** sabendo que, para ter uma boa governança de resultados, ou seja, para medir como a empresa está se saindo, ele deve saber muito bem onde está pisando, para que a própria aferição não se torne um novo problema.

O tempo que vivi na Warren exemplifica a reflexão do parágrafo anterior. A empresa usava OKRs, porém não era madura para implementar esse sistema de governança. Não tínhamos uma estrutura organizada o suficiente para entender os possíveis OKRs de cada colaborador, nem as ferramentas para medir, nem tempo para gestão dos OKRs. O método, dessa forma, tornou-se só mais um processo pelo qual todos os membros da companhia reportavam enormes quantidades de dados, com frequências demasiadamente elevadas. Naquele contexto, os OKRs geraram zero mudança na trajetória e na evolução da empresa.

Apesar de ter um perfil técnico, o CFO não precisa viver com base em uma técnica criada por alguém. **Os CFOs devem ter a liberdade para, se necessário, criar seus próprios modelos de acompanhamentos de resultados**, que façam sentido para a realidade da empresa em que estão inseridos.

Tive contato, recentemente, com uma empresa com menos de dez pessoas. Lá, foi necessário adequar as ideias de gestão ao tamanho da operação. O responsável pela área financeira pretendia implementar algo chamado Orçamento

Base Zero, conceito desenvolvido para a Ambev. A ideia dessa metodologia refere-se a começar os novos orçamentos sempre do zero e com justificativa para as despesas, buscando, com isso, a eliminação de custos desnecessários. A técnica parece ótima, especialmente ao pensar em uma empresa gigantesca como a Ambev, com dezenas de milhares de colaboradores e quantidades enormes de despesas. Porém será que essa mesma metodologia faz sentido para uma pessoa jurídica para a qual cinquenta linhas de uma planilha dão conta de todos os gastos? É como comprar uma Ferrari só pra andar a 50 km/h na Marginal Tietê, em São Paulo.

Por isso, antes de escolher algo já pronto dentro de um pacote, é essencial observar a realidade, o produto vendido e a dinâmica da empresa. O foco deve estar no que é importante. No fim de cada dia, o presidente, o conselheiro e o investidor não poderiam se importar menos com qual metodologia de gestão está sendo usada. O que importa é o que foi acordado e a entrega de resultados. **E tenho consciência de que uma governança de resultados malfeita vai desvalorizar até a melhor das empresas.** A gestão deve estar em suas mãos.

	Early Stage	Médio Porte	Grande Porte
Em crescimento	Mantenha o foco. Cuidado pra não se distrair e querer fazer de tudo, achando que sempre vai dar certo. Seja mais direcional. Você tem pouca história para ser detalhista agora.	As suas principais avenidas de crescimento precisam estar claras. É hora de solidificar. Tenha controles dos detalhes; tudo pode fazer uma grande diferença.	Você chegou lá! Hora de começar a *dominar o mundo* e ter argumentos sólidos para saber por onde começar. Crie miniempresas dentro da sua e empodere as pessoas.
Em estagnação	Existe realmente um problema a ser resolvido no mercado? Seu produto e seu preço são bons o suficiente? Pesquise e teste mais.	O que trouxe você até aqui não o leva até o próximo passo. Hora de olhar com calma as estruturas internas, buscar em que realmente tudo funciona bem e replicar os modelos. Avaliar seu negócio de forma fragmentada ajuda a curar a miopia.	Calma, pode ser um efeito do mercado, e pode ser necessário buscar novas avenidas de crescimento. Talvez você esteja investindo pouco, o mercado esteja mudando etc. Assegure-se de ir fundo nos estudos. Seu *business* não muda de uma hora para a outra, e voltar atrás às vezes é impossível.

Em queda	Pivote rápido: quanto mais cedo, melhor. Começar do zero é mais fácil do que tentar consertar. Escolhas aqueles que estarão ao seu lado nesse momento difícil.	A concorrência deve ter aumentado demais e você não se deu conta ou demorou a reagir. Como está o foco e a energia das lideranças para fazer o negócio acontecer? O que mudou nos últimos dois anos? Se tudo estiver ruim, pense como uma startup. Se algo estiver indo bem, faça escolhas duras.	Nada do que está acontecendo agora é culpa de uma decisão de ontem, mas é uma sequência de fatos relativa aos últimos cinco anos, e agora começa a doer. Faça uma retrospectiva extensiva. Coloque o *bode na sala* e deixe feder. Não é hora de achar que os problemas nasceram ontem.

Referências

KPI.ORG. **What is a Key Performance Indicator (KPI)?** Disponível em: https://www.kpi.org/kpi-basics/.

PANCHADSARAM, Ryan. **What is an OKR? Definition and Examples.** Disponível em: https://www.whatmatters.com/faqs/okr-meaning-definition-example.

PINES, Giulia. **The OKR Origin Story.** Disponível em: https://www.whatmatters.com/articles/the-origin-story.

KAPLAN, Robert S.; NORTON, David P. The Balanced Scorecard — Measures that Drive Performance. **Harvard Business**

Review. Disponível em: https://hbr.org/1992/01/the-balanced-scorecard-measures-that-drive-performance-2.

ORACLE. **O que é orçamento base zero (OBZ)?** Disponível em: https://www.oracle.com/br/performance-management/planning/zero-based-budgeting/.

WHAT MATTERS. **OKR and MBO:** difference between. Disponível em: https://www.whatmatters.com/resources/okr-and-mbo-difference-between.

Capítulo 14: Rótulos

Se você se preocupar mais em SER um CFO do que ATUAR como um CFO, você nunca será um CFO de verdade.

O que o cargo de CFO representa para você e por que você quer chegar a ele? É o título que atrai? É uma questão de ego? Ou é o desafio de voos mais altos que impulsionam a busca por essa cadeira? Tentar responder essas perguntas pode ajudá-lo a alcançar, de fato, o objetivo máximo: ser CFO — caso você já não o seja.

Essa reflexão é proposta no começo deste capítulo porque os títulos costumam ser uma preocupação constante das pessoas. Não há dúvidas de que determinados rótulos no trabalho podem fazer uma grande diferença na carreira, representar reconhecimento e aumentos salariais. Tudo isso é importante e não pode ser deixado de escanteio. O lado obscuro dessa preocupação começa quando o nome da posição dentro de uma empresa serve como freio para ações. Talvez você já tenha presenciado, pensado ou mesmo falado frases como: "Não vou atuar em questão X ou Y porque não está no meu escopo" ou "Não sou pago para isso".

Para ir longe na trilha do CFO, tenha em mente que o nome do cargo não importa. Como já foi apontado em capítulos anteriores, isso não significa ser o "trouxa da vez" e ficar sobrecarregado de trabalho. O ponto a ser levado em conta é que sua atitude e seu trabalho têm que preceder seu cargo. Se você quer o cargo de CFO, aja como tal, comporte-se como um CFO e mantenha um trabalho constante alinhado com o que o posto pede.

Caso aparecesse uma boa proposta, com bons salários, benefícios, exposição dentro do mercado, qualidade de vida e em uma empresa significativa, mas o cargo não tivesse as letras "CFO", você recusaria?

O contexto posto me faz pensar em uma frase que ouvia do Marcelo Maisonnave, cofundador da Warren e da XP. "Você prefere ser a cabeça da formiga ou o rabo do elefante?"

Reflita sobre isso, pois pode ajudar a ver melhor as oportunidades que surgem. O que prevalece: a chance de estar em um *business* grande e ser um colaborador com um rótulo não tão grande ou ser o CFO da sua própria padaria? Aqui não existe uma resposta certa, mas as respostas dadas refletem o seu nível de ambição — cada pessoa tem a sua e está tudo bem, seja ela do tamanho que for.

Caso sua ambição seja crescer na carreira em grandes projetos de grandes empresas, há três lições/ações para ter em mente e colocar em prática. São elas:

1. Esqueça os rótulos

Como falei no começo do capítulo, esse é o passo um, necessário e indispensável para os seguintes.

Em uma das empresas pelas quais passei, presenciei a situação de um *advisor* que, aparentemente, se sentiria menor perante os outros por ser *advisor*. O trabalho que tinha era, resumidamente, expandir a relação com parceiros da empresa. Um dia me procurou e afirmou que precisava de uma posição *C-level*, do contrário não conseguiria fazer o que precisava. Há trabalhos para os quais o rótulo de fato importa. Esse não era o caso, porém. A situação poderia ser resumida em uma única palavra: ego.

2. Toda oportunidade é uma folha em branco

Ao esquecer rótulos, consegue-se foco total no presente e nas oportunidades à disposição. O posto que se ocupa deve ser encarado como uma folha em branco, na qual colocamos em prática tudo que quisermos, fazendo a posição ser do tamanho que acreditamos que ela pode ser. É possível, claro, fazer burocraticamente somente o que foi pedido — e é provável que isso será o suficiente para um bom desempenho. Porém também é possível fazer mais e demonstrar estar pronto para desafios maiores e posições superiores — não pela posição em si, mas pela progressão de carreira.

Quando saí do Walmart e fui para a Braskem, em 2014, deixei de ser *manager* para assumir uma posição de *lead*, o que é um cargo bem inicial de liderança. Apesar de serem duas empresas gigantes, o escopo da nova posição era muito maior, o time a ser liderado era mais sênior, os possíveis resultados eram mais relevantes e a remuneração era melhor. Minha carreira não foi negativamente impactada por "retroceder" de cargo? De jeito nenhum. Há algum tempo, recrutadores talvez até se preocupassem com isso, imaginando que houve um erro de gestão de carreira. No mundo atual, porém, já se sabe que tais movimentos de rótulos não podem ser julgados só pelos títulos em si, pois trazem pouca informação sobre o profissional.

3. Aja como se você já fosse

Se quer ser um CFO, aja como um CFO. É óbvio que não se pode levar o dia a dia de trabalho em um estado de ilusão achando que já está nessa cadeira. Porém, o cotidiano está repleto de oportunidades para mostrar que você tem mais a oferecer. O engajamento com a equipe e a geração de valor para a empresa — ambos obtidos a partir das oportunidades mencionadas — facilitam o próximo passo da jornada e ajudam a tornar a transição e o crescimento óbvios para todos os que estão em volta. Assim, quando a próxima fase da carreira chegar na forma de uma promoção, os colegas só conseguirão pensar: "Era óbvio que seria ele". Acredite em mim e torça — além de trabalhar para isso — para que seus pares pensem assim, porque não há nada mais difícil do que ser chefe de quem era seu par.

Como é possível alcançar esse engajamento? O dia a dia é a essência. É a postura perante seus pares, é como você se posiciona para ajudá-los quando precisam, sem se preocupar se já lhe deram esse tipo de responsabilidade — lembre-se do capítulo "Seja disponível". Dando amostras de liderança constante, é mais fácil criar uma situação de satisfação entre seus pares quando for necessário assumir um posto de liderança de fato.

Vi isso ocorrer ao meu lado, no PagBank. Sempre enxerguei Artur Schunck como a principal cabeça financeira da empresa. Eram vários os momentos em que o Artur, mesmo como um diretor financeiro, mostrava que tinha responsabilidades bem maiores, próprias de um CFO. No IPO, por exemplo, ele teve um papel relevante no projeto ao lado do CFO, liderou diversas pautas internas sobre o tema, "tocou o bumbo" dentro do time. Foram cinco anos nessa posição — atuando muito além do seu escopo —, até o momento em que o então CFO Eduardo Alcaro fez uma movimentação para o conselho da empresa. O próximo na fila foi uma escolha natural, pelo menos para todos nós que trabalhávamos ali. Era óbvio que seria Artur Schunck, até hoje CFO do PagBank.

A chegada ao posto de CFO

Pode parecer fácil para alguém que já chegou ao topo dar dicas e falar que não é necessário se preocupar com rótulos, que o importante é a dedicação e o trabalho além do escopo de sua posição.

Pois então tenho um segredo para contar: enquanto escrevo este livro, meu título não é de CFO. Como disse antes, escrevi esta obra enquanto integro o time da Belvo. Na empresa, meu cargo oficial é o de vice-presidente de finanças. Recentemente, vi que em meu plano de carreira existe a evolução possível para o cargo de CFO, que hoje não é e nunca foi ocupado por ninguém.

Em uma conversa interna, surgiu a ideia dessa evolução de carreira e me disseram que, da forma como as coisas caminhavam, havia uma janela para, daqui a algum tempo, me transformarem no CFO da Belvo. Apesar da possibilidade agradável de um aumento salarial associado a isso, a minha resposta foi: nem se preocupem. Para mim, eu já estou CFO e vou continuar atuando como tal.

Capítulo 15:
O CFO do futuro

Cada dia mais o CFO deixou de ser puramente financeiro, CFO bom é aquele que gera valor e não aquele que só controla as contas.

No momento em que escrevo este capítulo, o mundo está maravilhado — e, em alguns casos, assustado — com o potencial da Inteligência Artificial (IA). Tudo que se escuta é que a IA vai transformar o mercado e a forma como enxergamos o trabalho. Outros dizem que as mudanças não são futuras, mas já estão em curso — uma visão mais realista, na minha opinião. Quando você estiver lendo este capítulo, provavelmente os algoritmos de IA estarão ainda melhores. Daqui a décadas, sabe-se lá quanto essa e outras tecnologias estarão integradas ao nosso dia a dia. Surge a questão: como e em que medida seu trabalho, como CFO, pode ser ajudado ou até mesmo substituído por uma IA ou outro avanço futuro da tecnologia?

Não seria surpresa se muitos tiverem dado risada da pergunta acima. Ao apresentar para CFOs ideias que têm potencial de diminuir a carga de trabalho, é comum ouvir coisas como: "É que o que faço é muito específico"; "Não dá para fazer melhor, com tecnologia, o que eu já faço".

Pois bem, CFO ou futuro CFO que me lê. O futuro do mundo está interligado à tecnologia e ela vai alterar significativamente as formas de trabalho — até mesmo a sua. O CFO do futuro precisa estar pensando em tecnologia e tê-la integrada em seu trabalho e em sua equipe; do contrário, estará ultrapassado. Ele precisa ter em mente que não faz o serviço mais complexo do mundo e que é falsa a ideia de que nada nem ninguém podem substituir o que ele faz. **Tudo é substituível, até mesmo um CFO.**

Não busco com essas palavras chatear possíveis CFOs não muito afeitos à tecnologia. A ideia do CFO como um ser único é cultural. Assim como, até pouco tempo atrás, os bancos eram tidos como as entidades às quais confiávamos a nossa vida — afinal, todo nosso dinheiro está lá —, o CFO era tido, até recentemente, como o "banco" dentro de uma empresa. Além disso, como já mencionado, o CFO tem contato com grandes *players* do mercado, entre eles bancos relevantes, e trata de temas confidenciais. Desenha-se, assim, culturalmente, a imagem de um CFO inatingível e insubstituível.

O primeiro ponto a considerar para a "construção" do CFO do futuro é a humildade em relação à tecnologia e à sua própria atuação profissional.

Porém, essa não deve ser uma característica futura. Essa prática deve ser imediata. Em diversas empresas pelas quais passei e para as quais dei mentoria ou apoio, era comum ouvir que o modo como a esfera financeira daquela companhia funcionava era peculiar. Pois não era e quase nunca é. Já passei por diversos segmentos do mercado: setores oftalmológico e petroquímico, varejo, ensino superior, pagamentos, fundos de investimento, agências de marketing, empresas de cardápio digital, companhias de rede de influenciadores, empresa de tecnologia tributária, entre outros. As diferenças nos negócios em si são claras, mas elas não aparecem na cadeira do CFO. **No final, tudo é muito parecido, apesar de as empresas serem diferentes.** O modo como eu reconheço custos e receita na Belvo, uma companhia SaaS (*Software as a Service*), é diferente do modo como isso se dá na Braskem. Na primeira, por exemplo, há o envio de um *invoice* para os clientes uma vez por mês, com base no consumo de chamadas de APIs e em um contrato que define a moeda aplicada. Na segunda, os valores variam de acordo com os produtos ofertados, os mercados para os quais serão destinados, a *commodity* à qual o produto está indexado. Apesar de particularidades como as citadas, as áreas financeiras não têm funcionamentos tão distintos entre si, tendo que controlar os fluxos de caixa, com atenção para variações de moedas e, no caso do CFO, com um olhar sempre aguçado para a estratégia futura.

Aproveitando esse exemplo da Braskem, vou trazer outra perspectiva: minha primeira cadeira como CFO foi liderando um grupo de ensino superior no Rio Grande do Sul; ali, para modelar esse negócio, talvez eu tenha encontrado uma complexidade financeira maior do que a que experienciei no setor da petroquímica. Na cadeia petroquímica, praticamente todos os produtos sempre partem de uma matéria-prima, a Nafta. Nafta é uma parte do petróleo refinado que serve a diversos usos. A partir do momento que entra Nafta na linha de produção, dali derivam diversos outros produtos químicos, como eteno, propeno, benzeno, buteno, tolueno etc. Esse ciclo petroquímico é composto de uma sucessão constante de retroalimentação e aproveitamento máximo de cada composição de Nafta que começa na cadeia de produção. Qual o objetivo? Desperdício quase zero de matéria-prima. E a Braskem vende todos os produtos secundários que são extraídos — maximização de valor na veia.

Sabe como funciona no ensino superior? Você tem uma matéria-prima que se chama "sala de aula"; para um montante finito de salas de aula você tem milhares de alunos, em semestres diferentes da sua jornada de estudos (alguns no primeiro semestre, outros no terceiro, gente no sétimo etc.), cursando graduações distintas (Administração, Economia, Arquitetura, Engenharia, Direito, Veterinária etc.) e em turnos diferentes (manhã, tarde, noite, em dois turnos ou mais). Além disso, as salas são de tamanhos diferentes e os professores são especialistas em temas diferentes; não é possível colocar qualquer turma em qualquer sala com qualquer professor. Essa engenharia é complexa, e, assim como a cadeia petroquímica, é uma retroalimentação incessante, até otimizar todas as salas e dar espaço a todos os alunos. Você não vai querer ter uma faculdade com salas vazias ou alunos sem ter o que estudar. Dê dois passos para trás, olhe por uma perspectiva de um nível mais alto e se pergunte: não é possível correlacionar técnicas de mensuração de resultado entre a indústria petroquímica e o mundo do ensino superior?

Um copiloto robô

O CFO do futuro, além de ter humildade em relação ao seu próprio posto, precisa abraçar a tecnologia e trazê-la para o seu dia a dia. No futuro não distante, ao lado — figurativamente falando — do CFO estará um robô para ajudá-lo a tomar decisões mais rápidas e fundamentadas. Dessa forma, o titular humano da cadeira poderá focar sua energia no que é realmente necessário naquele momento. Apesar de todos sermos realmente substituíveis em alguma escala, não estou defendendo um CFO-robô. **As IAs serão nossos copilotos, fornecendo informações valiosas — como rápidas análises ou dados — para que continuemos guiando na direção correta. A IA ajuda você a fundamentar uma boa análise, mas ninguém poderá delegar decisões a uma máquina. Decidir é um valor imensurável que um CFO tem para agregar; se você não gosta de decisões, talvez precise repensar sua ambição em relação a esse cargo.**

A inteligência artificial não necessariamente vai exterminar trabalhos, mas deve empurrar para fora do mercado aqueles que não sabem usá-la. Com os trabalhos transformados pela tecnologia, "pilotos" de IA estarão na dianteira. Se isso tudo vale para o mercado de trabalho como um todo, vale também para o mercado de CFOs. Então é importante que você, CFO ou futuro CFO, saiba usar IA e esteja familiarizado com a confecção de bons e precisos prompts.

Para extrair o melhor de ferramentas de inteligência artificial e criar prompts realmente poderosos, é fundamental entender a finalidade da sua solicitação e estruturar bem o pedido. Comece definindo com clareza o que você quer atingir: pode ser uma análise aprofundada, um *brainstorm* para novas ideias, a geração de *insights* ou a solução de problemas específicos. Contexto é chave. Inclua detalhes relevantes sobre sua empresa, setor ou desafios específicos que estejam no radar. Quanto mais preciso o direcionamento, melhor será a qualidade da resposta. Uma boa estrutura de prompt pode ser dividida em três partes: primeiro, descreva o cenário; depois, explique o problema ou questão; por fim, especifique o formato esperado para a resposta — seja uma tabela, uma lista ou mesmo um relatório detalhado.

Mas nem tudo precisa ser tão direto. Prompts mais abertos podem estimular a criatividade e trazer soluções inesperadas para questões complexas. Após receber a resposta, reserve um momento para validar ou revisar o conteúdo, assegurando que ele esteja alinhado às suas necessidades reais. Esse é um processo iterativo: testar e ajustar os prompts é essencial para refinar os resultados ao longo do tempo.

Por fim, lembre-se de trazer sua bagagem como CFO para a construção dos prompts. Ao incorporar sua expertise às solicitações, as respostas geradas serão mais contextualizadas e alinhadas à sua realidade, seja em análises financeiras, na formulação de estratégias ou em explorações criativas.

Falo com certo grau de segurança por já ver isso acontecendo no dia a dia. Na Belvo, onde trabalho enquanto escrevo este livro, uma IA nos ajuda diariamente com os contratos que fazemos; o que poderia levar horas de trabalho humano — com algum grau de repetição, considerando que peças jurídicas empresariais costumam ter padrões claros e constantes — é resolvido em minutos por um robô.

Uma pesquisa recente da Deloitte também mostra que as IAs já são usadas para, entre outras atividades, apoiar análises contábeis e financeiras para avaliações de risco de crédito, classificação de documentação e previsões de mercado. O mesmo levantamento mostra que mais da metade das empresas avaliadas já está planejando, testando ou em alguma etapa de implementação de IA. Segundo os líderes de finanças entrevistados, entre os benefícios associados ao uso das inteligências artificiais generativas aparece, em 4º lugar, auxílio na tomada de decisões; as primeiras posições, enquanto isso, dizem respeito à automatização de processos internos. Minha aposta, como comentei, é que muito em breve a questão da tomada de decisões estará no topo.

A integração cada vez maior de tecnologias disruptivas, como a IA, no dia a dia dos CFOs não será simples, como as barreiras atuais já mostram. Mas essa adoção vai além da teimosia ou da superestimação do próprio trabalho. Medir como a tecnologia afeta ou beneficia o trabalho dos setores financeiros e o ROI (*Return on Investment*) ainda é um desafio, segundo o relatório da Deloitte. Esses são pontos em relação aos quais ainda teremos que avançar — quem sabe, com a ajuda da própria tecnologia e da IA.

ESG

ESG (*Environmental, social, and governance*) se tornou um tema batido em empresas e, dependendo da operação para a qual olharmos, um setor "para inglês ver". É algo que muitas empresas dizem praticar pela impressão de retorno positivo ao falarem que cuidam do meio ambiente, por exemplo. **Dispensa-se a necessidade de dizer que é um tema relevante; então, por esse motivo, é importante que sejam mostrados controles efetivos e medições em relação ao ESG.**

Há não muito tempo, por onde trilhei meu caminho profissional, o ESG ficava alocado na equipe de comunicação da empresa. Sustentabilidade era tido como "fazer *report* de sustentabilidade no final do ano". **Dessa forma, não necessariamente se fazia uma gestão do assunto; somente se comunicava o que a empresa achava que cabia nessa caixinha.**

As coisas já estão mudando e **o ESG precisa estar dentro do escopo do CFO do futuro** — abrangendo aquela ideia, que comentamos anteriormente, de que parte do trabalho do CFO é olhar para onde as pessoas não estão olhando.

Citando novamente o relatório da Deloitte, há apontamentos de que o CFO pode ser mais ativo, por exemplo, na integração de critérios ESG com decisões sobre investimentos e oportunidades para aumentar eficiência operacional. A alocação de recursos para investimentos em iniciativas sustentáveis, a integração de critérios ESG nas análises financeiras e o gerenciamento de riscos financeiros relacionados a questões ambientais também são citados como pontos de possível ação do CFO em relação ao ESG.

Em resumo, o CFO do futuro precisa destinar atenção e governança a uma área que não é o *core* da empresa em que ele atua. CFOs que conseguirem fazer isso adequadamente estarão em destaque em um mundo cada vez mais preocupado com questões ambientais.

Estratégia

Ao contar um pouco sobre a história do CFO, comentei que o nosso papel mudou consideravelmente. **Como diz o título desta obra, deixamos para trás o foco total nos números e passamos a ter um importante papel estratégico. E isso tende a se aprofundar no futuro.** Não vou me repetir: é óbvio que ter intimidade com os números é importante. Mas será necessário, cada vez mais, ir além.

A própria ideia de estratégia aqui engloba, por exemplo, os temas citados anteriormente, como o ESG, e a aproximação/incorporação da IA no dia a dia de trabalho. Isso é mostrado na publicação da Deloitte. Entre as habilidades críticas para os CFOs nos próximos anos estão: inteligência emocional, *data science* e *analytics*, pensamento criativo e *expertise* em ferramentas com IA embarcada. A mesma publicação mostra que a maior parte do tempo dos CFOs está investida em estratégia.

O desenho do CFO do futuro

1. *Mindset*
Saiba ter humildade; tudo e todos são substituíveis.

2. IA
Seja um bom piloto para encontrar atalhos ao lado do seu copiloto, a IA.

3. ESG

Depois de muito se falar, agora (e no futuro) é momento de foco e implementação.

4. Estratégia

Lembre-se, você não é o operador de números. Olhe estrategicamente para o longo prazo a fim de ajudar a guiar sua empresa para onde vocês querem que ela vá.

Como você pôde ver, a lista para "confecção" do CFO do futuro não traz nada de mirabolante. Tudo o que foi apresentado é apoiado na realidade vivida. As habilidades necessárias para as pessoas que ocuparão, de um modo eficiente, essa cadeira no futuro pode e deve ser construída hoje.

Com tudo o que você aprendeu até aqui, é hora de agir. **Mãos à obra, futuro CFO.**

Referências

DELOITTE. CFO do Amanhã: convergindo IA, sustentabilidade e finanças.

Agradecimentos

À minha incrível esposa, que enfrentou inúmeras noites solitárias, segurando as pontas para que eu pudesse manter tudo em equilíbrio, sacrificando sua própria vida pelo bem-estar da nossa família. Aos meus pais, que me ensinaram que o verdadeiro valor do esforço e que somos os arquitetos do nosso destino. À minha avó, cuja ausência neste momento tão especial é profundamente sentida, ela saberia o quão árduo foi este caminho. A cada um dos meus familiares, que moldaram peças vitais do que sou hoje. Aos meus amigos, que sempre trouxeram leveza aos meus dias e equilibraram minhas excentricidades. A todos que contribuíram para este livro e para a minha jornada, mencionados ou não, vocês são verdadeiramente incríveis. Eu não cheguei aqui sozinho.

Esta obra foi composta por Maquinaria Editorial nas famílias tipográficas FreightText Pro, Aktiv Grotesk e Trade Gothic. Impresso pela gráfica Plena Print em março de 2025.